仿人服务机器人
运动学与路径规划

Research on the Kinematics and Path Planning of
the Manipulator of the Humanoid Service Robot

张明 徐靖 刘广辉 等著

化学工业出版社

·北京·

内 容 简 介

仿人服务机器人在外形、行为设计上模仿人类，同时兼具可移动性和可操作性，能够在非结构环境下为人类提供必要服务，亦是机器人研究领域中的热点，有着广泛的应用前景。本书以自主研发的仿人家庭服务机器人为研究对象，着重介绍非球形手腕 6 自由度串联机械臂的运动学求解方法和路径规划方法，旨在通过探索机械臂运动、规划、控制的机理，提升机器人在复杂作业环境中的智能操作水平。

本书适宜机器人行业以及机械、自控、电气等相关专业的技术人员阅读，也可供医疗、康复、物流、军事等领域技术人员参考。

图书在版编目（CIP）数据

仿人服务机器人运动学与路径规划/ 张明等著.
北京 ：化学工业出版社，2024. 10. -- ISBN 978-7-122-46240-4

Ⅰ. TP242.6

中国国家版本馆CIP数据核字第2024YV0796号

责任编辑：邢　涛　　　　　　装帧设计：韩　飞
责任校对：宋　夏

出版发行：化学工业出版社（北京市东城区青年湖南街13号　邮政编码100011）
印　　装：大厂回族自治县聚鑫印刷有限责任公司
710mm×1000mm　1/16　印张12¾　字数220千字　2024年11月北京第1版第1次印刷

购书咨询：010-64518888　　　　　售后服务：010-64518899
网　　址：http ://www.cip.com.cn
凡购买本书，如有缺损质量问题，本社销售中心负责调换。

定　　价：99.00元　　　　　　　　　　　　版权所有　违者必究

前　言

随着科技飞速发展，机器人也不再只以单一的形式存在，市场上各种形态的机器人层出不穷，而智能仿人服务机器人集机械、电子、计算机、材料、传感器、控制技术等多门学科于一体，其发展代表着一个国家的科技发展水平，因此受到广泛关注。智能仿人服务机器人在提高处理突发事件水平、促进整体经济发展、改善人民群众生活水平中发挥着重要作用，但其在复杂环境下的自主规划和操作能力尚存不足。本书介绍仿人服务机械臂运动学和路径规划方法，旨在提高仿人服务机器人智能化水平。

机械臂的运动学和路径规划方法在仿人服务机器人作业过程中发挥着重要作用。本书围绕机械臂的运动学、路径规划、系统设计与构建、智能抓取等几方面进行介绍。第 1 章介绍仿人服务机器人相关研究背景，针对重要理论技术进行较为全面的综述，提出当前存在的主要问题和挑战。第 2 章对服务机器人机械臂运动学进行分析，介绍一种求解效率高、不依赖初始值、可同时计算多组解的启发式分层迭代逆解方法，以实现该机械臂逆运动学解的高精度快速计算。第 3 章详细阐述了一种经过优化的快进树方法，该方法结合了通知采样技术和任意时间技术，旨在克服高维复杂路径规划问题中普遍存在的效率低下、自适应性不足以及规划结果质量欠佳的难题。第 4 章提出一种基于高斯过程回归的局部路径规划方法，提升了机械臂的动态避障能力。第 5 章构建了服务机器人抓取系统，并以此服务机器人为实验平台，综合利用静态、动态路径规划方法，进行复杂环境下的物品智能取放实验，验证了前述机械臂运动学和路径规划方法的可行性和有效性。

本书第 1 章由沈阳工业大学张明和刘广辉撰写；第 2 章由张明撰写；第 3、4 章由沈阳工业大学徐靖撰写；第 5 章由刘广辉撰写。本书由张明负责统稿工作。黄程宣、李理想、蔡鑫宇、李洪涛、温建明、赵泰任、刘佳龙、崔浩东、韩易君、王福晖、田博文等参与了本书的编写工作。在此对支持和帮助笔者的各位领导和同事表示衷心感谢。同时对各参考文献的作者表示诚挚的谢意。

本书的研究和出版得到了国家自然科学基金（52005344），辽宁省自然科学基金（2022-MS-271）和教育部产学合作项目（220504422174121）的支持，在此致以深切的谢意。

鉴于笔者水平有限，书中不足之处 恳请各位读者批评指正。

沈阳工业大学

张明、徐靖、刘广辉

目　录

1.1　仿人服务机器人诞生与应用

随着科技的飞速发展，仿人服务机器人已成为服务机器人的重要组成部分。这类机器人模仿人类的外形和行为，集成了机械、信息、材料、智能控制和生物医学等多学科技术，不仅在工业制造领域有着广泛的应用，而且逐渐扩展到医疗、教育、家庭服务等多个领域。仿人服务机器人的发展对于提升国防实力、提高突发事件处理能力、推动经济发展以及改善民众生活水平均具有重大意义[1-3]。本书将概述仿人服务机器人的发展历程、关键技术，并介绍仿人服务机器人机械臂的运动学与路径规划，以丰富该领域的相关成果，并为同类机器人的研究提供理论基础和技术支持。

仿人服务机器人的诞生源于人类对机器智能与互动能力的长期追求，科学技术人员怀揣着创造能模拟人类行为和外观的机器人的梦想，致力于开发能够辅助人类的智能助手，他们通过不懈的研究与实验，不断推进机器人技术的发展。随着 20 世纪中叶科学技术的突飞猛进，这一远大梦想开始逐步成为现实。科技的发展不仅加快了时代的进步，同时也带来了诸多问题，其中劳动力不足问题日益凸显[4]。与此同时，公众对智能、便捷生活方式的期望日益增长。社会的快速发展让仿人服务机器人技术成为研究热点。该类机器人可以满足家庭护理、公共服务以及危险环境作业等需求。如图 1.1 所示,意大利技术研究院研制的服务机器人 WALK-MAN 正在协助危险救援工作。随着仿人服务机器人技术的不断成熟,人们希望可以通过智能化手段解决劳动力短缺、工作效率低下和作业环境恶劣等问题。如今,从医疗辅助到家庭服务,从灾难救援到空间探索,仿人服务机器人正开启着一个新时代,将科幻梦想转化为推动人类社会进步的现实力量。

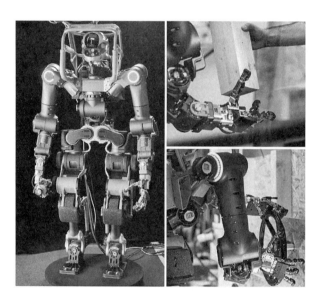

图 1.1　仿人服务机器人协助危险救援工作

　　仿人服务机器人的技术发展得益于运动学与运动规划等关键技术的突破[5]。这些技术的应用使得机器人能够更好地适应环境,执行复杂的任务,并具备更自然的交互方式。这些关键技术结合人工智能算法,能够让机器人不断地自我学习,优化性能,使得机器人在家庭服务、医疗护理等领域具有广泛的应用前景 [5,6]。

近年来，仿人服务机器人应用于家庭、医疗、商业和教育等多个领域，显著提高了人们的生活质量和工作效率。在家庭环境中，它们如同贴心的护理助手，为老年人提供生活上的帮助与支持。医疗领域中，仿人机器人可以执行手术或辅助病人进行康复训练，提高医疗服务的安全性和效率。商业场所里，客服型的人形机器人以其亲切的交互界面和高效的作业能力提升顾客体验 [7,8]。这类机器人也同样适用于教育界，在日本福岛县早稻田 Shoshi 高级中学里，Pepper 机器人被应用于辅助沟通能力有障碍的学生学习英语和机器人技术 [9]。该机器人利用情感识别功能与学生进行互动，不仅促进了学生们的学习兴趣，还帮助学生提升社交能力。Pepper 作为同学们学习上的好伙伴，展现了仿人服务机器人在教学和社交互动中的积极作用。未来这些智能机器人将更加广泛地融入社会，成为人们提升生活质量和工作效率的强大助力 [10,11]。

目前，仿人服务机器人的研发与应用正面临一系列挑战。这些挑战主要包括理论和技术上的难题、高昂的生产制造成本。在理论和技术层面，机器人的先进感知、认知和自主决策机制等方面仍存在诸多难点。在商业层面，高昂的研发与生产成本制约了机器人的落地应用 [12]。展望未来，随着技术的持续进步、成本的逐步降低以及公众认知的不断提升，仿人服务机器人将更加广泛应用于日常生活之中。

1.2 仿人服务机器人的发展与关键技术

1.2.1 仿人服务机器人研究及应用概况

仿人机器人的研发工作在 1968 年由日本早稻田大学加藤一郎教授率先开展。自 1996 年，日本本田技研成功研制 P2 型仿人服务机器人后，

20 世纪末至 21 世纪初，仿人服务机器人的研究工作迎来了新一轮全球性热潮，发达国家投入大量人力、物力、财力，相继研发出具有高度集成化的仿人服务机器人。我国的相关研究虽然起步较晚，但在国家的大力支持和科研人员的不懈努力下已取得令人瞩目的成果。经过 50 多年的发展，仿人服务机器人的相关研究已经从 20 世纪的理论基础研究、局部研究阶段迈向 21 世纪的智能化应用研究、整体集成化研究阶段，所涉及的学科领域也越来越宽广，从最初的机械、信息、电子、材料、自动控制等学科领域到心理学、生物学、行为科学、神经科学乃至社会科学，呈现出史无前例的多学科交叉态势[13,14]。本节对各国主要仿人服务机器人项目的总体现状进行简要回顾。

在美国，Boston Dynamics 公司发布的 Atlas[15]、Willow Garage 公司研发的 PR2[16] 和 NASA 研制的 Robonaut 系列机器人[17] 是几款具有代表性的仿人服务机器人，如图 1.2 所示。Atlas 机器人是世界上性能最好的全液压驱动仿人服务机器人，自 2013 年问世以来，历经 3 个版本的升级，具有极强的野外适应能力。该机器人可应用于抢险救援和军事领域。最新版本的 Atlas 高约 1.5m、重约 75kg、全身 28 个自由度，其身体内部及腿部的传感器实时采集位姿数据以保持机器人平衡，头部激光雷达定位器和立体摄像机可以协助 Atlas 探测地面情况、规避障碍物以及实现自主巡航等任务[18,19]。目前 Atlas 可完成不平整地面行走、爬楼梯、单腿平衡站立、搬箱子、跌倒自动站起、后空翻等一系列复杂动作[20-22]。PR2 服务机器人由 Willow Garage 公司与斯坦福大学合作研制，其机械臂有 7 个自由度，机械手有 1 个自由度，单臂最大负载 1.8kg，手部配置压力传感器阵列以及三轴加速度传感器，躯干部分可升降，装备两个 Quad-Core i7 Xeon 处理器，全向底盘最大移动速度 1m/s。PR2 机器人能够叠毛巾、自动充电、开冰箱取啤酒、杂乱环境中放置洗衣篮、简单使用锅铲等[23-26]。Robonaut 系列空间服务机器人中最为知名的是

Robonaut 2（R2）和 Robonaut 5（R5）机器人，R5 又名 Valkyri。2006
年，NASA 与美国通用电气公司联合研制空间服务机器人 Robonaut 1[27]
（R1），随后为便于完成空间站的操作任务，将 R1 的四轮底盘改为两
个机械臂，即机器人 R2[28]。2011 年 2 月，R2 被送入空间站进行太空作业，
由于运行不稳定，于 2018 年 2 月被送回地球。2013 年，NASA 成功研
制第 5 款空间服务机器人 Valkyri[29]。该机器人高 1.9m，重 88kg，全身
44 个自由度，200 多个独立传感器，7 自由度的机械臂上装备 38 个传感器，
手臂、腿部和腰部都装有串联弹性驱动器，可安全地协助人类完成任务。
3 台 Valkyri 被送往欧美高校进行应用性开发，目前该机器人可实现崎岖
地面行走、穿过狭窄间隙、开门、取送物品、完成按钮推送序列等 [30-32]。

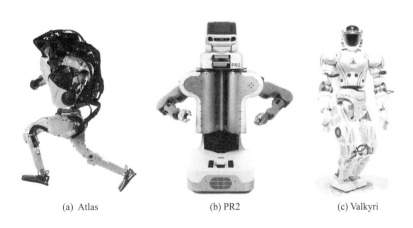

(a) Atlas　　　　　　(b) PR2　　　　　　(c) Valkyri

图 **1.2**　美国仿人服务机器人

德国宇航中心研发的 Rollin' Justin 机器人 [33] 和意大利技术研究院研
制的 iCub 机器人 [34] 是欧洲著名的仿人服务机器人项目，如图 1.3 所示。
Rollin' Justin 机器人高 1.91m，重约 200kg，共 51 个自由度，装备 7 自由
度机械臂和 4 指灵巧手，主要用于家庭服务和空间服务。该机器人几乎

所有关节都配有力矩传感器，可实现柔顺控制，以便与人类协同工作，所装备的两台立体相机和四台 RGB-D 相机既能够用于识别目标，也可实时构建 3D 环境地图，同时 Rollin' Justin 可在非结构、动态的环境中进行运动规划，自主地避障、完成任务。经十几年升级、开发，该机器人可完成扫地、擦玻璃、冲咖啡、实验室环境下的星球表面设备维护等任务[35-38]。iCub 机器人高 1.04m，重 25kg，共 53 个自由度，以线驱动为主，拥有视觉、听觉、触觉和本体感觉。该机器人作为科研平台被 30 多个科研机构用于人类认知和人工智能方面研究，经十几年的开发，实现了机器人从"听从命令"到"拥有自我意识"的跨越，在机器人发展史上具有开创意义。iCub 可以将虚拟的复杂行为和视觉、听觉反馈联系起来，当它输出行为时会预期到感官反馈，并通过学习来改善表现，该机器人可安全地与人类共处，同时具备理解和预测人类需求和行为的能力[39-42]。

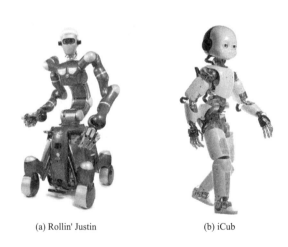

(a) Rollin' Justin   (b) iCub

图 1.3 欧洲仿人服务机器人

日本软银公司发布的 Pepper 机器人[43] 和韩国先端科学技术研究院研制的 DRC-HUBO 机器人[44] 是全球知名的仿人服务机器人，如图 1.4

所示。Pepper 机器人高 1.2m，重 28kg，共 20 个自由度，是全球首款具备人类感情识别功能的商用社交机器人。该机器人通过搭载的情感识别引擎，对人类的积极或者消极情绪进行判断，并用表情、动作、语音与人类交流，其数据收集和云计算系统可以区分新老顾客以实现差异化服务[45-47]。Pepper 机器人已经成功地应用于商业领域和教育领域，在各类商业店面、医院、图书馆、校园和家庭中都能看到 Pepper 的身影[48-50]。DRC-HUBO 机器人高 1.75m，重 80kg，共 33 个自由度，具备双足和轮式两种行走方式，可根据需要切换行走方式，其机械臂和腿上的主要关节由 200/100W 以上的直流无刷 / 有刷伺服电机驱动，配备减速比为100 ∶ 1 或 200 ∶ 1 的谐波减速器[51,52]。该机器人获得 2015 年美国国防部高级研究计划局（DARPA）机器人挑战赛冠军，DARPA 挑战赛设置核事故清理相关任务，DRC-HUBO 一次性完成驾车、拆卸、开门、使用标准电动工具在墙上切割孔洞、连接消防栓以及旋转打开阀门等任务，DRC-HUBO 还曾担任 2018 年韩国冬奥会的机器人火炬手[53-55]。

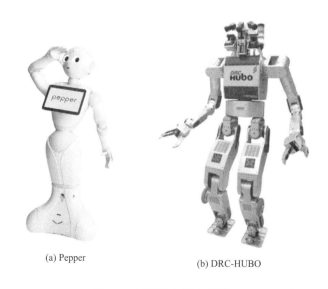

(a) Pepper　　　　(b) DRC-HUBO

图 1.4　日韩仿人服务机器人

　　近年来，我国多个科研院所也在仿人服务机器人方面展开了一系列的研究，其中比较有代表性的是北京理工大学研制的汇童系列机器人[56-58]、上海大学开发的仿人移动服务机器人[59]、上海交通大学研发的家庭智能服务机器人（FISR-1）[60]、优必选公司开发的 Walker 机器人[61]等，如图 1.5 所示。2002 年，北京理工大学研制成功仿人机器人汇童 1，经多年的不断升级改良，现已研制完成第 5 代仿人机器人。汇童 1~3 机器人主要突破双足稳定行走和复杂动作设计技术，可完成自主行走、打招呼、打太极拳、跳舞等动作，汇童 4 可以模拟人类面部表情动作，汇童 5 突破了基于高速视觉的灵巧动作控制、全身协调自主反应等关键技术，可实现人形双足机器人进行乒乓球对打[62,63]。由上海大学开发的仿人移动服务机器人高 1.75m，重 95kg，底盘采用双轮差速驱动方式，配备双 6 自由度机械臂，在激光雷达、三目视觉相机等传感器的配合下能实现自主导航、目标识别、取放物品等功能，可完成迎宾、报幕、倒咖啡等任务[64,65]。

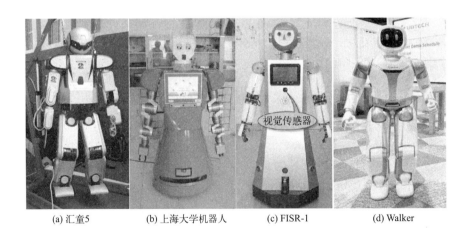

(a) 汇童5　　　　(b) 上海大学机器人　　　　(c) FISR-1　　　　(d) Walker

图 1.5　国内仿人服务机器人

FISR-1 机器人装备双 6 自由度机械臂，末端执行器为 3 自由度机械手，采用全向移动底盘，搭载 RFID 传感器、超声波传感器和视觉传感器以感知外部环境，用户可通过图形界面操作对机器人进行任务规划[66,67]。Walker 机器人高 1.45m，重 77kg，共 36 个自由度，拥有 7 自由度机械臂和 4 自由度机械手，单臂额定负载 1.5kg，其一体化伺服关节采用无框力矩电机直连谐波减速器的方式，令机械臂结构更为紧凑。该机器人的双臂还能实现柔顺控制和拖动示教，并在特定场景下安全地完成较为复杂的动作[68,69]。目前 Walker 可完成上下楼梯、视觉导航、手眼协调取放物品等任务。

1.2.2　机器人运动学原理与前沿

运动学分析是机器人运动控制与规划的重要一环，用于建立机器人各关节角度与末端执行器位姿间的映射关系。运动学问题通常分为正运动学问题和逆运动学问题两大类。已知机器人各关节角度求末端执行器位置和姿态称为正运动学问题，反之，给定末端执行器位姿求机器人各关节角度则称为逆运动学问题。对于机械臂而言，正运动学模型为机械臂动力学控制提供输入，逆运动学模型则是机械臂运动规划的重要基础。并联机械臂的逆运动学分析容易，正运动学分析困难，与之相反，串联机械臂的正运动学问题已有统一解法，逆运动学问题的求解则较为困难，并且其理论和应用研究尚不完善，是研究的难点之一。大多数机械臂为串联结构，其逆运动学求解计算需要满足快速性、准确性和稳定性的要求，否则会影响机械臂的性能，故本节主要介绍串联机械臂逆运动学问题求解的研究现状。

串联机械臂根据构型的不同通常分为解耦构型机械臂和非解耦构型机械臂，不同类别构型机械臂的逆解计算方法也有所不同。若 4~6 自由度机械臂的后 3 个关节的旋转轴线交于一点（球形手腕），则其位姿一定可解耦[70,71]，由解析法能计算逆运动学的封闭解，故球形手腕机械臂又称为解耦构型机械臂。由于工作内容的要求、机械结构的限制、机械加工及装配中存在的误差等原因，工程实际中常采用具有非球形手腕的非解耦构型机械臂进行作业，其构型无法满足 Pieper 法则，通常无封闭解。因此，非球形手腕机械臂主要采用数值法来计算逆解。一般而言，非解耦构型机械臂比解耦构型机械臂具有更高的灵活性和负载能力。仿人服务机器人常配备 6 关节或 7 关节机械臂，其中球形手腕 6 自由度机械臂可用解析法计算逆解，非球形手腕 6 自由度机械臂和 7 自由度机械臂通常用数值法求逆解。6 自由度机械臂具有运动范围大、操作灵活、非冗余等特点，且 7 自由度机械臂常被视为 6+1 构型机械臂。因此，6 自由度机械臂成为研究的重点。本书的研究对象为非球形手腕 6 自由度串联机械臂。

解析法主要包括几何解析法和代数解析法。几何解析法是指根据机械臂各个杆件的几何关系建立关节角度与末端执行器位姿间的约束方程，从而将逆运动学问题转化为平面或立体几何问题以便于求逆解。对于求解三维空间内复杂机构的逆运动学问题，该方法并不适用，不具备通用性，因而常与代数解析法结合使用。陈鹏等[72]利用一种 6 自由度串联机械臂的几何特点，将立体几何问题转化为平面几何问题，进而建立约束方程求得逆解。刘梓阳等[73]根据一种串联机械臂的机械结构和工作特性，综合几何解析法和代数解析法计算逆解。利用代数解析法可以建立满足 Pieper 法则的机械臂逆运动学模型，其本质为高维非线性方程组的求解问题。由方程的符号解析解能够分析各参数对解的影响以及解的个数。Craig[74]、Murray[75]均给出了类似的基于代数解析法的解耦构型机械臂逆运动学分析过程。显然，解析法具有计算量小、精度高、实时性好的优点，但是对于高维非线性方程组而言，其消元化简过程却并不容易，往往需要经验甚至是运气。此外，当面对非解耦构型机械臂的逆运动学问题时，无法利用解析法给出封闭解，此时数值法应运而生。

非解耦构型机械臂逆运动学模型具有高度的非线性和复杂的耦合性，许多研究采用基于多元变量迭代的数值法来计算机械臂的数值逆解。数值法可用于所有解耦构型和非解耦构型机械臂逆运动学的求解，因其广泛的适用性受到众多学者的关注。Nielsen 等[76] 利用同伦连续法求逆解，但由于迭代时间较长无法应用于实时系统。Raghavan 和 Roth[77,78] 提出析配消元法计算逆解，并将之推广到所有串联机械臂。Kucuk 等[79] 采用基于正运动学模型的分离变量消元法将非球形手腕 6 自由度机械臂的逆运动学方程组降维，再利用迭代搜索法计算数值逆解，但随机选取的迭代初始值导致算法性能不稳定。Aristidou 等[80] 提出一种基于几何法的迭代搜索方法，能实现多自由度机构逆解的快速收敛，但每次迭代仅能搜索到 1 组解。李宁森等[81] 利用雅可比伪逆法计算一种非球形手腕喷涂机器人的逆解，该方法无法求出所有逆解，且计算效率受初始值选取影响较大。刘志忠等[82] 利用基于对应球形手腕机械臂的封闭解对非球形手腕机械臂的腕部偏置量进行补偿，并对腕部位置点坐标进行迭代修正，以得到非球形手腕 6 自由度机械臂逆解的数值解。卜王辉等[83] 根据手腕前端偏置型 6 自由度机械臂的几何结构特点，将机构运动链切断为两部分，从而降低某个分量的耦合度，最后由消元法和迭代搜索法计算逆解，但文中并未对该方法的收敛性进行评估。数值法可以计算一般构型机械臂的逆解，但是通常具有运算量大、求解速度慢、无法同时求多组解、计算结果依赖初始值等不足。

近年来，随着人工智能技术的突破，在全球范围内掀起了人工智能类方法研究与应用的热潮，一些学者尝试采用人工智能类方法解决串联机械臂的逆运动学问题。人工智能类方法本质为间接数值法，借鉴最优化思想，通过构建适当的目标函数，由优化搜索方法计算数值解。

Alkayyali[84]、Momani[85] 分别采用传统的粒子群算法和遗传算法求串联机械臂逆解。Hargis 等 [86] 提出了一种基于人工神经网络的非球形手腕 6 自由度机械臂逆解方法，该方法经过大量训练后，所求逆解可令末端执行器位置精度达到毫米级，但是较弱的泛化能力使该方法无法直接用于其他机械臂的逆解计算。徐帷等 [87] 利用强化学习方法对 6 自由度空间机械臂进行逆解计算和路径规划，该方法能在满足位置约束和避障约束的条件下获得逆解，但无法保证姿态约束。此外，采样环境的复杂多变和目标特性的未知，令机械臂采样效率偏低且采样过程中容易受损。人工智能类方法理论上可解决所有构型机械臂的逆运动学问题，具有通用性，但由于该类方法求机械臂逆解尚不成熟且实时性不佳，工程中鲜有应用。

1.2.3　路径规划与方法

运动规划源于计算机几何学。随着智能机器人研究的兴起，20 世纪 60 年代末，Nilsson[88] 率先将运动规划引入机器人领域，但直到 80 年代位形空间 [89]（Configuration Space，C-Space）概念的引入，运动规划的研究才迎来发展时期。时至今日，运动规划作为机器人控制领域内的重要分支之一受到众多学者的持续关注。路径规划是运动规划的核心研究内容，亦是本书的主要研究内容之一。

蒋新松院士 [90] 对路径规划定义为：路径规划的任务就是在具有障碍物的环境内按某种评价标准，搜寻一条从起始位姿（位置和姿态）至目标位姿的无碰撞路径。机器人的位姿通常在两类规划空间中进行描述，即工作空间和位形空间。在工作空间中，移动平台或机械臂末端执行器的位姿分别由平面 3 维矢量 $[x, y, \theta_z]^T$ 或空间 6 维矢量 $[x, y, z, \theta_x, \theta_y, \theta_z]^T$ 来描述。位形空间是一种特定的拓扑结构，也可称为流形，该空间内一个无碰撞点表示机器人在工作空间中相应的位姿。位形空间概念的提出将机器人在低维空间中的无碰撞路径规划问题抽象为点在高维空间中的路径规划问题，从而简化问题。路径规划问题在两类空间中均可进行研究。此外，为了评价路径规划方法，还需要引入完备性和最优性两个概念。完备性是指若路径规划问题存在解，则算法能输出该路径，否则可证明问题无解。最优性是指若路径规划问题有解，则算法按照某一准则（路径最短、能耗最小等）能输出最优路径。考虑到工程应用中路径规划算法的计算成本，同时为了提升算法的运行效率和通用性，科研人员常采用概率完备性和渐进最优性对算法进行评价。概率完备性指若路径规划问题有解，算法运行的时间足够长，则定能求出解。渐进最优性指经过有限次迭代而规划出的路径是逐渐逼近最优解的次优路径，若迭代次数趋于无穷，则次优路径收敛到最优路径的概率为1。

经过国内外科研人员几十年的不断探索和研究，路径规划研究领域内积累了丰富的研究成果，逐渐形成如下几类路径规划方法：①图搜索规划方法；②人工势场法；③随机采样规划方法；④人工智能方法；⑤最优控制方法。

图搜索规划方法一般先对机器人工作空间进行单元分解，离散化工作空间为均匀栅格，从而把路径规划问题转化为图搜索问题，再利用启发算法搜索可行路径。该类方法由于具有完备性、最优性和易用性的特点而广泛应用于工程实际中。美国国家航空航天局（NASA）开发的火星车"勇气号"和"机遇号"均采用此类方法规划路径[91]，较为经典的图搜索规划方法有 Dijkstra 算法[92]、A* 算法[93]、D* 算法[94] 等。但图搜索规划方法受到算法复杂度和计算成本的局限而仅适用于低维路径规划问题。

人工势场法[95]引入场的概念描述规划空间，将目标点视为引力源，在规划空间内产生引力场，障碍物视为斥力源产生斥力场，机器人被两种势场叠加的合力牵引朝目标点运动。人工势场法具有定义清晰直观、易于实现和规划速度快等优点，但是有四点不足限制了该方法的应用：①易陷入局部极小值问题；②狭窄通道令机器人产生抖动；③不适用于障碍物较密集的情况；④对于高维复杂规划问题，构建势函数非常困难[96,97]。针对上述不足，虽然产生了大量的研究成果，但问题还没有很好地解决。值得一提的是，Barraquand 和 Latombe[98]为了解决局部极小值问题而引入的随机扰动模型，启发 Latombe 提出第一个随机采样规划方法，即随机路径规划器（Randomized Path Planner，RPP）[99]，开创了随机采样类规划方法的先河。

从 20 世纪 90 年代至今，随机采样类规划方法以其善于解决高维路径规划问题的优势引领了该领域内的科研潮流。该类方法仅对规划空间中采样点进行碰撞检测，不需要建立环境中障碍物的显式表达式。因此，相比于其他路径规划方法具有较高的求解速度，无论在理论研究还是工程应用中均取得了丰硕成果，其中概率路标图法（Probabilistic Roadmaps，PRM）[100]和快速扩展随机树法（Rapidly-exploring Random Trees，RRT）[101]兼具高效性和概率完备性，并得到广泛的研究与应用。PRM 方法先在位形空间内随机采样若干点，构造随机路标图，再借鉴图搜索方法从随机路标图中寻找最优路径。PRM 方法可借助构造的随机路标图实现多次查询、快速规划，但是随机路标图的构建需要较高的计算成本，且较为耗时。此外，PRM 方法在路径规划过程中难以添加微分约束，对狭窄通道情况的处理也不理想。为了更高效地解决高维非凸空间路径规划问题，RRT 方法被学者提出。RRT 方法不需要构建随机路标图，而是通过在位形空间中增量地随机采样使随机路径树不断生长，直到随机路径树到达目标点为止，返回可行规划路径。该方法具有求解快速、易于添加动力学微分约束等良好特性，但是存在求解高维复杂路径规划问题效率低、规划路径质量不可控等不足[102,103]。Karaman

和 Frazzoli 证明了 RRT 方法收敛到最优解的概率为 0，同时提出能逐渐收敛到最优解的 RRT* 方法[103, 104]（随机采样类路径规划方法中通常采用符号"*"表示该方法具有渐进最优性）。随着工程上对路径规划结果稳定性要求的增加，学者们正尝试将随机采样规划方法朝着"去随机化"的方向改进，旨在对现有算法进行更深层次的控制以达到更迅速、更稳定的规划效果。Janson 和 Gammell 分别提出快进树方法[105]（Fast Marching Tree，FMT*）和批量通知树方法[106]（Batch Informed Trees，BIT*），在"去随机化"方面做出了有益的尝试。尽管众多学者对随机采样类规划方法从多方面做出了改进，但是如何在高维复杂规划空间中快速、稳定地规划出高质量的路径仍需要深入研究。

人工智能方法一般不需要对所求问题进行深入的数学分析，同时具有通用性、自适应性和并行计算的特性，这些优势令该类方法广泛应用于解决路径规划问题，常见的有人工神经网络[107]、强化学习[108]、模糊推理方法[109]、进化算法[110,111]等。但是对于高维规划空间和一般化、不规则化的复杂问题而言，基于人工智能方法的路径规划相关研究还有待深入。

为了获得平滑且最优的规划路径，有学者采用最优控制理论进行路径规划，如协变哈密尔顿优化方法（CHOMP）[112]、随机轨迹优化方法（STOMP）[113]和局部轨迹优化方法（TrajOpt）[114]等。该类方法能克服随机采样类规划方法输出路径不平滑的缺点，但是面对复杂的场景仍然需要对路径精细离散化，因此该类方法适用于解决较为简单的规划问题。

1.2.4 服务机器人机械臂路径规划

服务机器人机械臂的路径规划通常包含如下几方面特点：①规划空间维度高；②机器人一般为家庭、办公或公共场所提供服务，作业环境复杂；③作业环境多变，且存在动态障碍物，不确定性强；④外部环境和机器人自身都有一定限制，即具有约束性；⑤不同的场景和用户对最优路径评价指标的要求不同，即对条件性有要求。因此，针对多自由度机械臂的高维复杂路径规划问题，从静态和动态规划两方面来考虑，设计合理的规划方法是解决机器人实际作业问题的关键所在。

根据机器人工作环境的不同，路径规划问题可分为两类：一类是静态路径规划问题，也称全局路径规划问题，即作业环境信息已知且不变条件下的路径规划问题；另一类是动态路径规划问题，亦可称为局部路径规划问题，指的是作业环境信息动态变化条件下的路径规划问题。针对不同的路径规划问题，工程或科研人员需要选择或设计合理的路径规划方法才能满足实际需求。

对于静态路径规划问题而言，一般需要规划方法具有搜索能力强、可规划高质量路径的性能，同时要兼顾求解效率。结合多自由度机械臂规划空间维度较高的特点，学者们提出了各具特点的机械臂路径规划方案。Batista 等[115]用人工势场法对机械臂进行路径规划，并利用遗传算法优化人工势场法的参数以减小机械臂的抖动幅度。Kang 等[116]通过增加目标点附近的采样概率来提高 RRT 方法的规划效率，以实现机械臂末端执行器在空货架中的快速转移。马冀桐等[117]将先验知识和双向搜索技术引入 RRT 方法，从而提升了柑橘采摘机械臂路径规划器在不同环境下的适应性。白云飞等[118]采用径向基函数神经网络构建功耗模型，以能耗优化为目标，利用自适应粒子群方法规划深海电动机械臂的运动轨迹。Kaden 等[119]将 RRT 方法和 STOMP 方法综合使用来提升机械臂通过狭窄通道的能力。在众多学者的不懈努力下，现有静态路径规划方法有了长足发展，但是针对上述服务机器人机械臂路径规划的特点，如何高效、自适应地给出高维复杂路径规划问题的最优或近似最优解仍然有待进一步研究。

机械臂动态路径规划更侧重高效性和实时性，要求规划方法能在线规划出平滑、无碰撞的路径，同时还要兼顾规划路径的质量，不能出现冗余量过大的路径。Nubert 等[120] 将鲁棒预测控制模型与人工神经网络联合使用，提升机械臂跟踪动态目标的稳定性和安全性。Schmitt 等[121] 采用强化学习方法实现机械臂对传送带上物品的动态抓取。Boardman 等[122] 通过以目标点为根节点反向生长随机路径树的方法，在偶然出现意外障碍物的动态环境中，为机械臂进行路径规划。谢龙等[123] 在工作空间中构造目标变化的吸引速度和障碍物变化的排斥速度，利用人工势场法为机械臂实现动态目标追踪而规划可行路径。张驰等[124] 设计一种排斥矢量规划方法，在动态障碍物环境中为机械臂规划平滑抓取路径。陈波芝等[125] 以主机械臂为动态障碍，利用添加代价函数和罚函数的RRT 方法，为从机械臂动态规划可行路径。在一些情况下，服务机器人机械臂动态路径规划不仅要考虑上述规划要求，还要考虑传感器的环境信息测量与机械臂运动规划的连续性和同步性，动态路径规划方法应具备查询轨迹上任意时刻路径点的能力以及对规划路径进行任意密度路径点插值的能力，目前该挑战也是研究的热点之一。

1.3　关键技术与技术难点

仿人服务机器人在社会的各个领域中具有广阔的应用前景，其机械臂的运动学分析和路径规划是实现机器人自主作业的重要理论基础。目前，仿人服务机器人在复杂环境下的自主规划和操作能力不足是限制机器人智能化水平的瓶颈所在，主要问题包括：

① 部分仿人服务机器人所配备的非球型手腕 6 自由度机械臂具有运动学方程难于解耦的特点，故无法用解析法计算逆运动学解，而现有数值法求逆解尚存在计算成本高、效率低、依赖初始值、同时求多组解困

难等不足，如何改进现有的数值方法以克服或有效改善上述不足，是该类机械臂在运动控制中亟需解决的问题。

②服务机器人常在室内较为复杂的环境下作业，如何在高维复杂空间中快速、自适应地为多自由度机械臂规划出高质量的运动路径是当前的一个挑战。

③机械臂在作业的过程中难免会受到人类活动的干扰，故要求机械臂具有动态避障和快速重规划的能力。

因此，如何高效地为机械臂在线规划出一条可行、平滑、冗余量小的局部重规划路径仍需要进一步研究。

第 2 章

机械臂运动学分析与仿真

2.1　机械臂运动学分析与仿真概述

运动学分析旨在描述机械臂多杆系协同运动时的几何关系，是控制机械臂服务作业的理论基础。逆运动学求解是机械臂运动学分析中的重要问题，其本质在于求解高维非线性代数方程组[126]。一般而言，求解机械臂逆运动学问题的主要方法分为两类——解析法和数值法[127]。

解析法采用代数消元方法将逆解方程组降维、解耦，具有计算速度快和运算精度高的优点，但是目前缺少统一的化简方法，化简过程中往往需要经验甚至是运气[128]。此外，解析法只能应用于一部分构型的机械臂，如球形手腕多自由度串联机械臂，即腕部为 3 关节机构且 3 个关节轴线交于一点的机械臂。具有更高灵活性和结构强度的非球形手腕机械臂（含腕部少于 3 自由度的机械臂），通常无法获得解析解，故一般采用数值法求逆解。

数值法一般基于多元迭代法求逆解，通过重复迭代令数值解满足精度要求，可用于求解所有解耦构型和非解耦构型机械臂的逆运动学解，因其广泛的适用性受到众多学者的关注。但是数值方法大多存在算法复杂、运算量过大、无法同时获得多组解、对迭代初始值依赖严重等问题，求解速度慢和运算精度低的特点决定了数值法很难应用于对实时性和精度有一定要求的机械臂[129,130]。因此，设计一种求解快、精度高的机械臂逆解算法具有至关重要的意义。

本章提出一种启发式分层迭代逆解算法来解决 6 自由度非球形手腕机械臂的逆运动学问题。该方法通过两层迭代计算机械臂逆解。第一层迭代采用一种启发式几何迭代方法为第二层迭代快速获得合理的初始值，从而有效降低第二层数值迭代的计算量。第二层迭代利用解析法将 6 维逆运动学非线性方程组化简为 1 维非线性方程，再通过 1 维迭代搜索计算逆解。引入解析法不仅能大幅度降低迭代的次数，还能同时获得多组逆解，提高机械臂作业的灵活性。启发式分层迭代逆解算法综合了解析法和数值法的优势，相比传统方法具有适用范围广、求解精度高、收敛速度快的特点，能够实现家庭服务机器人机械臂逆解的高精度快速计算。

2.2 刚体位姿描述方法

描述机械臂在笛卡尔空间中与其他物体间的位置和姿态关系是建立机械臂运动学方程的基础，本书采用齐次变换法描述空间刚体的位姿关系。

在笛卡尔空间直角坐标系 $\{A\}$ 下，任意一点 P 的位置可以用 3×1 位置向量 $^A\boldsymbol{P}$ 表示：

$$^A\boldsymbol{P} = \begin{bmatrix} p_x \\ p_y \\ p_z \end{bmatrix} \tag{2.1}$$

其中，p_x、p_y、p_z 表示点 P 在坐标系 $\{A\}$ 中对应 x 轴、y 轴、z

轴的坐标分量。

假设坐标系 $\{A\}$ 中存在一个刚体 B，固接坐标系 $\{B\}$ 的原点 O_B 于刚体 B 的某一特征点，如质心处，$\{B\}$ 相对于 $\{A\}$ 既有旋转也有平移。用 x_B、y_B、z_B 分别表示 $\{B\}$ 的三坐标轴单位向量，则 $\{B\}$ 相对于 $\{A\}$ 的姿态用 $[x_B, y_B, z_B]$ 在 $\{A\}$ 下由方向余弦组成的旋转矩阵 $_B^A\boldsymbol{R}$ 表示：

$$_B^A\boldsymbol{R} = \begin{bmatrix} n_x & o_x & a_x \\ n_y & o_y & a_y \\ n_z & o_z & a_z \end{bmatrix} \tag{2.2}$$

其中，三个列向量为单位向量且两两正交，$_B^A\boldsymbol{R}$ 满足：

$$\begin{cases} _B^A\boldsymbol{R}^{-1} = _B^A\boldsymbol{R}^{\mathrm{T}} \\ \left| _B^A\boldsymbol{R} \right| = 1 \end{cases} \tag{2.3}$$

因此，不难得出 B 分别绕 x 轴、y 轴和 z 轴旋转某一角度 θ 后，在 $\{A\}$ 中的旋转变换矩阵：

$$\boldsymbol{R}(x, \theta) = \begin{bmatrix} 1 & 0 & 0 \\ 0 & \cos\theta & -\sin\theta \\ 0 & \sin\theta & \cos\theta \end{bmatrix} \tag{2.4}$$

$$\boldsymbol{R}(y, \theta) = \begin{bmatrix} \cos\theta & 0 & \sin\theta \\ 0 & 1 & 0 \\ -\sin\theta & 0 & \cos\theta \end{bmatrix} \tag{2.5}$$

$$\boldsymbol{R}(z, \theta) = \begin{bmatrix} \cos\theta & -\sin\theta & 0 \\ \sin\theta & \cos\theta & 0 \\ 0 & 0 & 1 \end{bmatrix} \tag{2.6}$$

$\{B\}$ 原点 O_B 在 $\{A\}$ 中的位置用位置向量 $_B^A\boldsymbol{P}$ 表示。因此，如图 2.1 所示，刚体 B 在 $\{A\}$ 中的位姿可用矩阵 $[_B^A\boldsymbol{R}, \ _B^A\boldsymbol{P}]$ 描述。

为了便于位姿矩阵 $[{}^A_B\boldsymbol{R}$，${}^A_B\boldsymbol{P}]$ 的计算，将非齐次位姿矩阵转化为齐次矩阵来描述刚体 B 在 {A} 中的位姿，位姿齐次矩阵为：

$$
{}^A_B\boldsymbol{T} = \begin{bmatrix} {}^A_B\boldsymbol{R} & {}^A_B\boldsymbol{P} \\ 0 & 1 \end{bmatrix} \tag{2.7}
$$

旋转矩阵 ${}^A_B\boldsymbol{R}$ 和平移矩阵 ${}^A_B\boldsymbol{P}$ 皆以 4×4 齐次变换矩阵的方式作用于坐标系 {A} 以实现坐标的旋转运算和平移运算。旋转算子 $\mathbf{Rot}(K,\theta)$ 和平移算子 $\mathbf{Trans}\big({}^A_B\boldsymbol{P}\big)$ 分别表示为：

$$
\mathbf{Rot}(K,\theta) = \begin{bmatrix} {}^A_B\boldsymbol{R}(K,\theta) & 0 \\ 0 & 1 \end{bmatrix} \tag{2.8}
$$

$$
\mathbf{Trans}\big({}^A_B\boldsymbol{P}\big) = \begin{bmatrix} \boldsymbol{I}_{3\times3} & {}^A_B\boldsymbol{P} \\ 0 & 1 \end{bmatrix} \tag{2.9}
$$

其中，K 为旋转轴，可为 x_A、y_A、z_A 中之一，θ 为旋转角度。因此，齐次变换矩阵为：

$$
{}^A_B\boldsymbol{T} = \mathbf{Trans}\big({}^A_B\boldsymbol{P}\big) \cdot \mathbf{Rot}(K,\theta) \tag{2.10}
$$

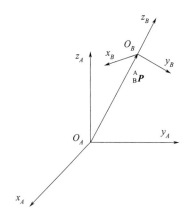

图 2.1　笛卡尔空间中刚体位姿描述

2.3　机械臂正运动学分析

机械臂正运动学问题是指已知各个关节的类型、连杆尺寸和转角，求对应的机械臂末端位置和姿态。正运动学分析通常采用 D-H 方法[131]建立相邻连杆间的关节运动学模型。该方法由 Denavit 和 Hartenberg 于1955 年提出，后成为机器人正运动学建模的标准方法，得到广泛应用。D-H 方法通过 4 个参数，即连杆长度 a、扭角 α、连杆偏置 d 和关节角θ，描述连杆间的空间几何状态，其中连杆偏置 d 和关节角 θ 表示杆件间的位置关系。对于 6 自由度全转动副串联机械臂而言，关节变量是关节角 θ，连杆长度 a、扭角 α 和连杆偏置 d 是固定值。

表 2.1　机械臂 D-H 参数

i	a_{i-1} / m	α_{i-1}/(°)	d_i/m	θ_i /(°)
1	0	0	0	θ_1
2	0	90	0	θ_2
3	0	−90	d_3	θ_3
4	0	−90	0	θ_4
5	0	90	d_5	θ_5
6	0	−90	0	θ_6

机械臂连杆坐标系如图 2.2 所示。以左机械臂为例，令基座坐标系为 $O-x_0y_0z_0$，关节 i 的坐标系为 $O-x_iy_iz_i$，$i=1,2,\cdots,6$。机械臂 D-H 参数列于表 2.1 中，其中连杆长度 a_{i-1} 是沿着 x_{i-1} 轴从 z_{i-1} 轴到 z_i 轴的距离，扭角 α_{i-1} 是绕 x_{i-1} 轴从 z_{i-1} 轴到 z_i 轴的角度，连杆偏置位移 d_i 是沿着 z_{i-1} 轴从 x_{i-1} 轴到 x_i 轴的距离，关节角 θ_i 是绕 z_{i-1} 轴从 x_{i-1} 轴到 x_i 轴的角度。

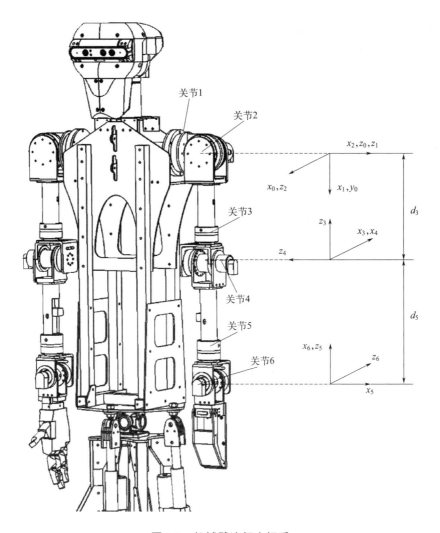

图 2.2　机械臂连杆坐标系

连杆坐标系 $\{i\}$ 与 $\{i\text{-}1\}$ 之间的位姿关系由关节变量 θ 和连杆参数 a、α、d 确定。因此，坐标系 $\{i\}$ 相对于坐标系 $\{i\text{-}1\}$ 的位姿齐次变换矩阵 $_{i}^{i-1}\boldsymbol{T}(i=1,2,\cdots,6)$ 可由此 4 个参数表示。齐次变换矩阵 $_{i}^{i-1}\boldsymbol{T}$ 可以看作是 D-H 参数所对应变换动作的子矩阵连乘，即：

$$_{i}^{i-1}\boldsymbol{T} = \mathbf{Rot}\left(z_{i-1},\theta_i\right)\mathbf{Trans}\left(z_{i-1},d_i\right)\mathbf{Trans}\left(x_{i-1},a_i\right)\mathbf{Rot}\left(x_{i-1},\alpha_i\right)$$

$$
=\begin{bmatrix} c\theta_i & -s\theta_i & 0 & a_{i-1} \\ s\theta_i c\alpha_{i-1} & c\theta_i c\alpha_{i-1} & -s\alpha_{i-1} & -d_i s\alpha_{i-1} \\ s\theta_i s\alpha_{i-1} & c\theta_i s\alpha_{i-1} & c\alpha_{i-1} & d_i c\alpha_{i-1} \\ 0 & 0 & 0 & 1 \end{bmatrix} \tag{2.11}
$$

其中，$c\theta_i$ 表示 $\cos\theta_i$，$s\theta_i$ 表示 $\sin\theta_i$。

将表 2.1 中的 D-H 参数代入式（2.11）中，计算得相邻关节坐标系之间的齐次变换矩阵：

$$
\begin{cases}
{}^0_1\boldsymbol{T}=\begin{bmatrix} c\theta_1 & -s\theta_1 & 0 & 0 \\ s\theta_1 & c\theta_1 & 0 & 0 \\ 0 & 0 & 1 & 0 \\ 0 & 0 & 0 & 1 \end{bmatrix}, {}^1_2\boldsymbol{T}=\begin{bmatrix} c\theta_2 & -s\theta_2 & 0 & 0 \\ 0 & 0 & -1 & 0 \\ s\theta_2 & c\theta_2 & 0 & 0 \\ 0 & 0 & 0 & 1 \end{bmatrix} \\[30pt]
{}^2_3\boldsymbol{T}=\begin{bmatrix} c\theta_3 & -s\theta_3 & 0 & 0 \\ 0 & 0 & 1 & -d_3 \\ -s\theta_3 & -c\theta_3 & 0 & 0 \\ 0 & 0 & 0 & 1 \end{bmatrix}, {}^3_4\boldsymbol{T}=\begin{bmatrix} c\theta_4 & -s\theta_4 & 0 & 0 \\ 0 & 0 & 1 & 0 \\ -s\theta_4 & -c\theta_4 & 0 & 0 \\ 0 & 0 & 0 & 1 \end{bmatrix} \\[30pt]
{}^4_5\boldsymbol{T}=\begin{bmatrix} c\theta_5 & -s\theta_5 & 0 & 0 \\ 0 & 0 & 1 & -d_5 \\ s\theta_5 & c\theta_5 & 0 & 0 \\ 0 & 0 & 0 & 1 \end{bmatrix}, {}^5_6\boldsymbol{T}=\begin{bmatrix} c\theta_6 & -s\theta_6 & 0 & 0 \\ 0 & 0 & -1 & 0 \\ s\theta_6 & -c\theta_6 & 0 & 0 \\ 0 & 0 & 0 & 1 \end{bmatrix}
\end{cases} \tag{2.12}
$$

机械臂末端连杆坐标系相对于基坐标系的齐次变换矩阵 ${}^0_6\boldsymbol{T}$，可由相邻关节的变换矩阵连乘而得，即机械臂正运动学方程：

$$
\begin{aligned}
{}^0_6\boldsymbol{T} &= {}^0_1\boldsymbol{T}\,{}^1_2\boldsymbol{T}\,{}^2_3\boldsymbol{T}\,{}^3_4\boldsymbol{T}\,{}^4_5\boldsymbol{T}\,{}^5_6\boldsymbol{T} \\
&= \begin{bmatrix} n_x & o_x & a_x & p_x \\ n_y & o_y & a_y & p_y \\ n_z & o_z & a_z & p_z \\ 0 & 0 & 0 & 1 \end{bmatrix} \\
&= \begin{bmatrix} \boldsymbol{R}_{3\times3} & \boldsymbol{P}_{3\times1} \\ 0 & 1 \end{bmatrix}
\end{aligned} \tag{2.13}
$$

其中，旋转矩阵 $\boldsymbol{R}_{3\times3}$ 表示末端执行器的姿态，平移矩阵 $\boldsymbol{P}_{3\times1}$ 表示末端执行器的位置。式（2.13）中的矩阵元素为：

$$n_x = -c\theta_6\left\{c\theta_5\left[c\theta_4\left(s\theta_1 s\theta_3 - c\theta_1 c\theta_2 c\theta_3\right) - c\theta_1 s\theta_2 s\theta_4\right] + s\theta_5\left(c\theta_3 s\theta_1 + c\theta_1 c\theta_2 s\theta_3\right)\right\}$$
$$+ s\theta_6\left[s\theta_4\left(s\theta_1 s\theta_3 - c\theta_1 c\theta_2 c\theta_3\right) + c\theta_1 c\theta_4 s\theta_2\right]$$

$$n_y = c\theta_6\left\{c\theta_5\left[c\theta_4\left(c\theta_1 s\theta_3 + s\theta_1 c\theta_2 c\theta_3\right) + s\theta_1 s\theta_2 s\theta_4\right] + s\theta_5\left(c\theta_3 c\theta_1 - s\theta_1 c\theta_2 s\theta_3\right)\right\}$$
$$- s\theta_6\left[s\theta_4\left(c\theta_1 s\theta_3 + s\theta_1 c\theta_2 c\theta_3\right) - s\theta_1 c\theta_4 s\theta_2\right]$$

$$n_z = -c\theta_6\left[c\theta_5\left(c\theta_2 s\theta_4 - c\theta_3 c\theta_4 s\theta_2\right) + s\theta_2 s\theta_3 s\theta_5\right] - s\theta_6\left(c\theta_2 c\theta_4 + c\theta_3 s\theta_2 s\theta_4\right)$$

$$o_x = s\theta_6\left\{c\theta_5\left[c\theta_4\left(s\theta_1 s\theta_3 - c\theta_1 c\theta_2 c\theta_3\right) - c\theta_1 s\theta_2 s\theta_4\right] + s\theta_5\left(c\theta_3 s\theta_1 + c\theta_1 c\theta_2 s\theta_3\right)\right\}$$
$$+ c\theta_6\left[s\theta_4\left(s\theta_1 s\theta_3 - c\theta_1 c\theta_2 c\theta_3\right) + c\theta_1 c\theta_4 s\theta_2\right]$$

$$o_y = -s\theta_6\left\{c\theta_5\left[c\theta_4\left(c\theta_1 s\theta_3 + s\theta_1 c\theta_2 c\theta_3\right) + s\theta_1 s\theta_2 s\theta_4\right] + s\theta_5\left(c\theta_3 c\theta_1 - s\theta_1 c\theta_2 s\theta_3\right)\right\}$$
$$- c\theta_6\left[s\theta_4\left(c\theta_1 s\theta_3 + s\theta_1 c\theta_2 c\theta_3\right) - s\theta_1 c\theta_4 s\theta_2\right]$$

$$o_z = s\theta_6\left[c\theta_5\left(c\theta_2 s\theta_4 - c\theta_3 c\theta_4 s\theta_2\right) + s\theta_2 s\theta_3 s\theta_5\right] - c\theta_6\left(c\theta_2 c\theta_4 + c\theta_3 s\theta_2 s\theta_4\right)$$

$$a_x = s\theta_5\left[c\theta_4\left(s\theta_1 s\theta_3 - c\theta_1 c\theta_2 c\theta_3\right) - c\theta_1 s\theta_2 s\theta_4\right] - c\theta_5\left(c\theta_3 s\theta_1 + c\theta_1 c\theta_2 s\theta_3\right)$$

$$a_y = -s\theta_5\left[c\theta_4\left(c\theta_1 s\theta_3 + s\theta_1 c\theta_2 c\theta_3\right) + s\theta_1 s\theta_2 s\theta_4\right] + c\theta_5\left(c\theta_3 c\theta_1 - s\theta_1 c\theta_2 s\theta_3\right)$$

$$a_z = s\theta_5\left(c\theta_2 s\theta_4 - c\theta_3 c\theta_4 s\theta_2\right) - s\theta_2 s\theta_3 c\theta_5$$

$$p_x = d_5\left[s\theta_4\left(s\theta_1 s\theta_3 - c\theta_1 c\theta_2 c\theta_3\right) + c\theta_1 c\theta_4 s\theta_2\right] + d_3 c\theta_1 s\theta_2$$

$$p_y = -d_5\left[s\theta_4\left(c\theta_1 s\theta_3 + s\theta_1 c\theta_2 c\theta_3\right) - s\theta_1 c\theta_4 s\theta_2\right] + d_3 s\theta_1 s\theta_2$$

$$p_z = -d_5\left(c\theta_2 c\theta_4 + c\theta_3 s\theta_4 s\theta_2\right) - d_3 c\theta_2$$

至此，给定仿人服务机器人机械臂关节变量 θ_i，$i = 1, 2, \cdots, 6$，可由正运动学方程，即式（2.13），计算末端执行器的位置和姿态。

2.4　启发式分层迭代逆解方法

机械臂逆运动学求解的过程与正运动学求解过程相反，即已知机械臂末端执行器在基坐标系中的位姿，求对应的所有关节转角。对于本书所述的 6 自由度机械臂而言，逆运动学问题的求解过程可表述为：给定末端执行器的平移矩阵 $\boldsymbol{P}_{3\times1}$ 和旋转矩阵 $\boldsymbol{R}_{3\times3}$，求关节变量 θ_i，$i=1,2,\cdots,6$。如图 2.2 中所示的机械臂，其腕部仅有 2 个自由度，为非球形手腕，采用解析法求逆解存在困难，故本节提出一种结合解析法和数值法特点的启发式分层迭代算法求解机械臂的逆运动学问题。

2.4.1　FABRIK 方法原理

FABRIK 方法（Forward and Backward Reaching Inverse Kinematics）由剑桥大学 Andreas Aristidou 于 2011 年提出，是一种基于几何法的启发式迭代逆解方法，旨在用少量的计算成本获得 1 组令运动链姿态较为平滑、自然的逆解[80,132]。该算法已成功应用于计算机动画和游戏开发等领域，配合运动捕捉技术能处理复杂的角色骨骼动画。一次完整的 FABRIK 方法迭代过程包含前向搜索（Forward Reaching）和后向搜索（Backward Reaching），通过点线关系巧妙地确定每个关节在空间中的位置，具有简单、高效、所生成动作平滑的特点。

FABRIK 方法的流程如图 2.3 所示，以平面三连杆机构为例介绍 FABRIK 方法的具体实现过程，如图 2.4 所示。已知关节 p_1、p_2、p_3 和末端执行器 p_4 构成一条运动链，其中 p_1 是根关节，可转动不能移动，所有关节的转动范围不受限制，连杆长度为 d_1、d_2、d_3，t 是目标点，具体实现过程如下：

① 目标可达性检验。为了能快速判断逆解是否存在，在运动链处于初始位姿时，如图 2.4（a），检验给定目标点 t 是否在运动链的直线可

达范围内。若目标点与根关节的直线距离满足：

$$\left| d_1 + d_2 + d_3 \right| \geqslant \left| \mathrm{p}_1 - t \right| \tag{2.14}$$

则目标直线可达，存在逆解，可进行前向搜索，否则问题无解，结束逆解搜索过程。直线可达性检验可判断无关节约束运动链的逆运动学问题是否存在解。当同时考虑关节转动范围时，只能判断是否可能存在逆解。

② 前向搜索，如图 2.4（b）～（d）所示。图 2.4（b）将末端执行器 p_4 移到目标点 t 处，得到关节 p_4'。图 2.4（c）连接关节 p_4 和关节 p_4'，在直线 $\overline{\mathrm{p}_3\mathrm{p}_4'}$ 上确定关节 p_3' 的位置，p_3' 与 p_4' 的距离为 d_3。用同样方法找到关节 p_2' 和关节 p_1' 的位置，如图 2.4（d）所示，完成一次前向搜索，得到运动链 $\mathrm{p}_1' - \mathrm{p}_2' - \mathrm{p}_3' - \mathrm{p}_4'$。

③ 后向搜索，如图 2.4（e），（f）所示。前向搜索完成后，根关节已脱离原始位置，由于根关节的位置固定，故将根关节 p_1' 移回原始位置得 p_1''，如图 2.4（e）所示。图 2.4（f）中采用与前向搜索同样的方法依次确定关节 p_2''、p_3'' 和末端执行器 p_4'' 的位置，完成一次后向搜索，得到运动链 $\mathrm{p}_1'' - \mathrm{p}_2'' - \mathrm{p}_3'' - \mathrm{p}_4''$。

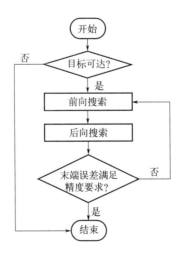

图 2.3　FABRIK 方法流程图

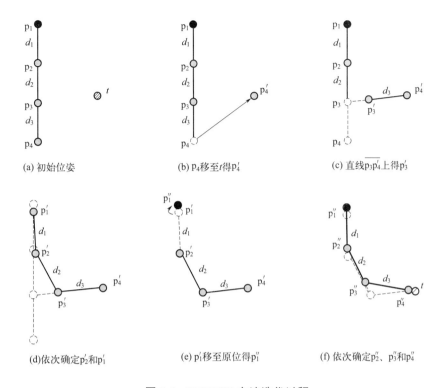

(a) 初始位姿　　　　(b) p_4 移至 t 得 p'_4　　　　(c) 直线 $\overline{p_3p'_4}$ 上得 p'_3

(d) 依次确定 p'_2 和 p'_1　　　(e) p'_1 移至原位得 p''_1　　　(f) 依次确定 p''_2、p''_3 和 p''_4

图 2.4　**FABRIK** 方法迭代过程

④ 精度检验。每完成一次前向搜索和后向搜索，计算末端执行器 p''_4 与目标点 t 间的距离。若该距离小于等于给定的理论收敛精度，则迭代结束，此时的运动链位姿即为 1 组逆解；否则，继续进行前、后向搜索，直到算法收敛或满足其他终止条件为止。

FABRIK 方法在迭代过程中仅需要考虑关节位置信息，只用点线几何关系便可快速收敛到给定精度，但是该方法无法快速获得多组解。因此，在实际应用中，其灵活性受到一定限制。

2.4.2　基于 C-FABRIK 方法的逆解估计

在三维动画虚拟仿真领域中，FABRIK 方法以其求逆解速度快、计算成本少的优势受到广泛认可，但是由于动画、游戏等虚拟仿真对约束条件的要求并不严格，FABRIK 方法没有考虑关节限位、目标姿态等约束条件，不能直接用于机械臂的逆运动学问题求解。本节对该方法进行改进，提出约束条件更为严格的 Constrained FABRIK 方法（简称 C-FABRIK 方法），并用 C-FABRIK 方法计算机械臂的近似逆解作为进一步求数值逆解的迭代初始值。C-FABRIK 方法的迭代过程与 FABRIK 方法稍有不同，以本书研制的 6 自由度机械臂为例，其前向搜索和后向搜索过程如图 2.5 所示。EE、W、E 和 S 分别表示末端执行器、腕部关节、肘部关节和肩部关节，肩部关节 S 包含关节 1、2，肘部关节 W 包含关节 3、4，腕部关节包含关节 5、6，连杆长度 d_3 和 d_5 与表 2.1 中 D-H 参数一致，d_t 为末端执行器的连杆长度，t 表示末端执行器的目标位姿，算法具体实现过程如下：

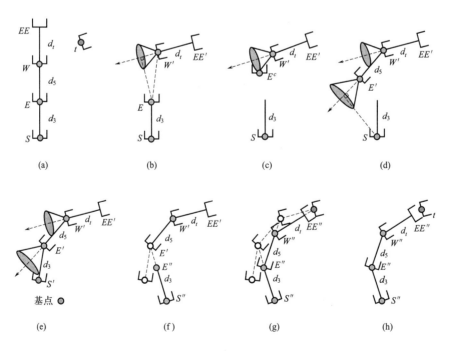

图 2.5　机械臂前后向搜索过程

① 目标可达性检验。机械臂处于初始位姿状态，如图 2.5（a）所示，检验目标 t 与肩部关节 S 的直线距离是否小于运动链总长度。若小于则开始迭代运算；否则无解，结束算法。

② 前向搜索，如图 2.5（b）～（e）所示。图 2.5（b）令末端执行器 EE 与目标 t 的位置和姿态一致，得 EE'。末端执行器与其连杆位姿相对固定，可直接确定腕部 W' 的位姿，腕部 W' 与 EE' 的距离为 d_t。过肘部关节 E 作直线 $\overline{EE'W'}$ 的垂线，在过该垂线并垂直于 $\overline{EE'W'}$ 的平面内可确定连杆的可行域，即图 2.5（b）中的阴影部分。由此可间接表示腕部关节 W' 的转动范围。腕部关节转动范围与可行域间的关系如图 2.6 所示，$\beta_i(i=1,\cdots,4)$ 构成了腕部关节 W' 的转动范围，$q_i(i=1,\cdots,4)$ 定义了可行域，q_i 与 β_i 的关系为：

$$q_i = L\tan(\beta_i) \tag{2.15}$$

其中，L 为腕部关节 W' 到垂足 O 的距离。

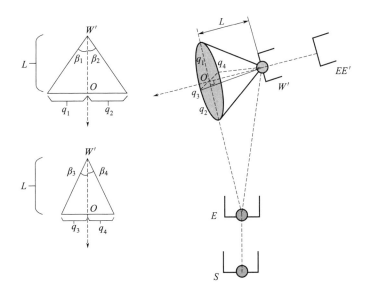

图 2.6　关节转动范围的定义

图 2.5（c）沿着上一步所作垂线移动肘部关节 E 到可行域内边缘处，得 E^c。沿着直线 $\overline{W'E^c}$ 确定肘部关节 E' 的位姿，如图 2.5（d）所示。类似的，可确定肩部关节的位姿，完成一次前向搜索，得到运动链 S'-E'-W'-EE'，如图 2.5（e）所示。

③ 后向搜索，如图 2.5（f）～（h）所示。后向搜索的过程与 FABRIK 方法中一致，在搜索过程中不考虑关节限位，这样能进一步提高搜索效率，具体过程参考图 2.4。完成一次后向搜索得到运动链 S''-E''-W''-EE''，如图 2.5（h）所示。无约束后向搜索虽然不能保证所有关节转角都在允许范围内，但是部分关节转角超出关节限位的幅度通常很小。因为在下一次迭代过程中，具有关节限位约束的前向搜索会对这种情况进行纠正。随着迭代次数的增多，关节角超限的幅度进一步缩小，甚至趋近于零，最终会得到 1 组逼近数值逆解的近似解。

④ 精度检验。此过程与 FABRIK 方法类似，具体步骤参考 2.4.1 节。

C-FABRIK 方法可为第二层的数值迭代方法快速、稳定地输出迭代初始值，此迭代初始值与逆解近似，能有效减少第二层数值迭代的计算量。第二层数值迭代以第一层输出结果的关节 1 转角值和末端执行器的位姿作为输入量，由于是基于解析法的数值迭代过程，故可求出多组解，每输入一个关节 1 转角值就能得出 4 组逆解。因此，C-FABRIK 方法需要提供多组近似逆解以获得多个关节 1 转角值。

针对多组解问题，基于迭代的数值方法通常对初始值较为敏感，改变初始值可能得到不同的计算结果。本书受这一性质的启发提出一种获取多组解的方案，如图 2.7 所示。由于球形手腕 6 自由度全转动副串联机械臂的关节 1 通常有两个解，故给定 2 组机械臂初始状态，其关节 1 转角分别为最大值和最小值，其余关节转角不变，如图 2.7（a）和（c）所示。以此 2 组位姿状态作为初始值，C-FABRIK 方法能计算出 2 组近似逆解，再得到关节 1 的两个解作为第二层迭代的初始值，如图 2.7（b）

和（d）所示。

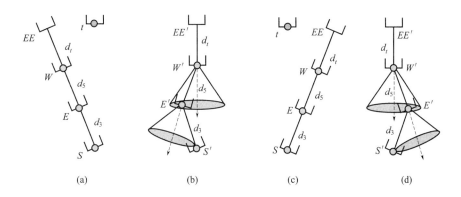

(a) (b) (c) (d)

图 **2.7**　机械臂多组逆解

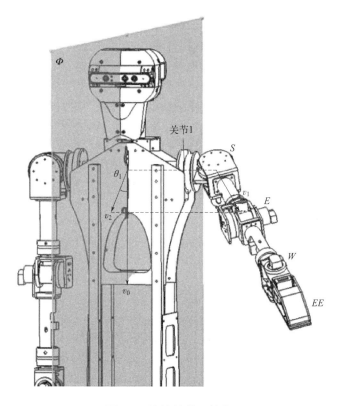

图 **2.8**　计算关节 **1** 转角

计算运动链 S-E-W-EE 中关节 1 转角值 θ_1 的方法如图 2.8 所示。平面 Φ 垂直于关节 1 轴线，向量 $\boldsymbol{v}_0$ 竖直向下并在平面 Φ 内，向量 $\boldsymbol{v}_1$ 由 S 指向 E，向量 $\boldsymbol{v}_2$ 是向量 $\boldsymbol{v}_1$ 在平面 Φ 的投影，故关节 1 转角 θ_1 的计算式为：

$$\theta_1 = \arccos\left(\frac{\boldsymbol{v}_0 \cdot \boldsymbol{v}_2}{|\boldsymbol{v}_0||\boldsymbol{v}_2|}\right) \tag{2.16}$$

2.4.3 基于解析法的逆运动学方程降维

对于具有球形手腕的机械臂，可以用解析法直接将位置和姿态完全解耦，从而快速、准确的求解逆运动学问题。大多数 6 自由度串联机械臂的位置和姿态并不能完全解耦，只能利用数值迭代方法计算满足精度要求的解。求 6 自由度机械臂逆解的通用数值迭代方法本质为多元变量循环迭代，计算速度和精度取决于方程维度，降低方程维度能有效提高收敛速度和计算精度。实际应用中，6 自由度机械臂相邻运动副的轴线通常互相平行或正交，具有此种结构的机械臂，其逆运动学方程能降至 1 维 [133]。因此，可对 1 维关节变量迭代求解，其余关节变量用含有此 1 维变量的解析式求取。本书所研究的机械臂结构满足上述方程降维条件。

机械臂关节变量 $\theta_2, \theta_3, \theta_4, \theta_5, \theta_6$ 的解析式可由末端执行器位姿和关节变量 θ_1 来表示。

（1）求解 θ_2

将 ${}^0_1\boldsymbol{T}$ 的逆矩阵左乘式（2.13）两端可得：

$$ {}^0_1\boldsymbol{T}^{-1}\left(\theta_1\right){}^0_6\boldsymbol{T} = {}^1_6\boldsymbol{T}\left(\theta_2, \theta_3, \theta_4, \theta_5, \theta_6\right) \tag{2.17}$$

由式（2.17）等号两边矩阵中的元素（1，4）相等和元素（3，4）相等，可得：

$$\begin{cases} p_x c\theta_1 + p_y s\theta_1 = d_5\left(c\theta_4 s\theta_2 - c\theta_2 c\theta_3 s\theta_4\right) + d_3 s\theta_2 \\ p_z = -d_5\left(c\theta_2 c\theta_4 + c\theta_3 s\theta_2 s\theta_4\right) - d_3 c\theta_2 \end{cases} \quad (2.18)$$

将式（2.18）两边平方求和，得：

$$\left(p_x c\theta_1 + p_y s\theta_1\right) s\theta_2 - p_z c\theta_2 = \left(p_x^2 + p_y^2 + p_z^2 + d_3^2 - d_5^2\right)/2d_3 \quad (2.19)$$

对式（2.17）进行变换，得：

$$\begin{cases} p_x c\theta_1 + p_y s\theta_1 = \rho c\phi \\ p_z = \rho s\phi \end{cases} \quad (2.20)$$

其中：

$$\begin{cases} \rho = [\left(p_x c\theta_1 + p_y s\theta_1\right)^2 + p_z^2]^{1/2} \\ \phi = \mathrm{Atan2}\left(p_z, p_x c\theta_1 + p_y s\theta_1\right) \end{cases} \quad (2.21)$$

将式（2.21）代入式（2.20），可得关节 2 变量 θ_2 的两个解：

$$\begin{cases} \sin\left(\theta_2 - \phi\right) = k/\rho \\ \cos\left(\theta_2 - \phi\right) = \pm\sqrt{1 - \left(\dfrac{k}{\rho}\right)^2} \\ \theta_2 = \phi + \mathrm{Atan2}\left(k/\rho, \pm\sqrt{1 - \left(k/\rho\right)^2}\right) \end{cases} \quad (2.22)$$

其中：

$$\begin{cases} \rho = [\left(p_x c\theta_1 + p_y s\theta_1\right)^2 + p_z^2]^{1/2} \\ \phi = \mathrm{Atan2}\left(p_z, p_x c\theta_1 + p_y s\theta_1\right) \\ k = \left(p_x^2 + p_y^2 + p_z^2 + d_3^2 - d_5^2\right)/2d_3 \end{cases} \quad (2.23)$$

（2）求解 θ_4

依次将 ${}_1^0\boldsymbol{T}$、${}_2^1\boldsymbol{T}$ 的逆矩阵左乘式（2.13）两端，可得：

$$ {}_2^0\boldsymbol{T}^{-1}\left(\theta_1, \theta_2\right){}_6^0\boldsymbol{T} = {}_6^2\boldsymbol{T}\left(\theta_3, \theta_4, \theta_5, \theta_6\right) \quad (2.24)$$

由式（2.24）等号两边矩阵中的元素（2,4）相等，得到：

$$p_z c\theta_2 - p_x c\theta_1 s\theta_2 - p_y s\theta_1 s\theta - 2 = -d_3 - d_5 c\theta_4 \tag{2.25}$$

由式（2.25）得到关节 4 变量 θ_4 的两个解：

$$\begin{cases} c\theta_4 = \chi \\ s\theta_4 = \pm\sqrt{1 - c^2\theta_4} \\ \theta_4 = \text{Atan2}\left(\pm\sqrt{1 - c^2\theta_4}, \chi\right) \end{cases} \tag{2.26}$$

其中：

$$\chi = \left(p_x c\theta_1 s\theta_2 + p_y s\theta_1 s\theta_2 - p_z c\theta_2 - d_3\right)/d_5 \tag{2.27}$$

（3）求解 θ_3

由式（2.24）等号两边矩阵中的元素（1，4）相等和元素（3，4）相等，可得：

$$\begin{cases} p_z s\theta_2 + p_x c\theta_1 c\theta_2 + p_y c\theta_2 s\theta_1 = -d_5 c\theta_3 s\theta_4 \\ p_x s\theta_1 - p_y c\theta_1 = d_5 s\theta_3 s\theta_4 \end{cases} \tag{2.28}$$

由式（2.28）计算关节 3 变量 θ_3 的解，分两种情况。当 $s\theta_4 \neq 0$ 时，关节 3 变量 θ_3 有两个解：

$$\theta_3 = \text{Atan2}\left(p_x s\theta_1 - p_y c\theta_1, -p_z s\theta_2 - p_x c\theta_1 c\theta_2 - p_y c\theta_2 s\theta_1\right) \tag{2.29}$$

当 $s\theta_4 = 0$ 时，θ_4 为 0° 或 180°，关节 3 和关节 5 的轴线同轴，式（2.28）无法推导出 θ_3 解析式，故机构处于奇异位姿。这种情况下，末端执行器仅能沿切线运动，相当于机械臂自由度减少。$\theta_4 = 180°$ 超出了关节限位，故只有当 $\theta_4 = 0°$ 时，机械臂处于奇异位姿，此时关节 3 变量 θ_3 可以为任意值。

（4）求解 θ_5

依次将 ${}^0_1\boldsymbol{T}$、${}^1_2\boldsymbol{T}$、${}^2_3\boldsymbol{T}$、${}^3_4\boldsymbol{T}$ 的逆矩阵左乘式（2.13）两端，可得：

$$ {}_4^0\boldsymbol{T}^{-1}\left(\theta_1,\theta_2,\theta_3,\theta_4\right){}_6^0\boldsymbol{T} = {}_6^4\boldsymbol{T}\left(\theta_5,\theta_6\right) \tag{2.30} $$

式（2.30）等号两边矩阵中的元素（1,3）和元素（3,3）相等，可得关节 5 变量 θ_5 的解：

$$ \theta_5 = \text{Atan2}\left(-\zeta,\eta\right) \tag{2.31} $$

其中：

$$ \begin{cases} \zeta = a_x\left(c\theta_1 s\theta_2 s\theta_4 - c\theta_4 s\theta_1 s\theta_3 + c\theta_1 c\theta_2 c\theta_3 c\theta_4\right) - a_z\left(c\theta_2 s\theta_1 - c\theta_3 c\theta_4 s\theta_2\right) \\ \eta = a_y\left(c\theta_1 c\theta_3 - c\theta_2 s\theta_1 s\theta_3\right) - a_x\left(c\theta_3 s\theta_1 + c\theta_1 c\theta_2 s\theta_3\right) - a_z s\theta_2 s\theta_3 \end{cases} $$

$$ \tag{2.32} $$

（5）求解 θ_6

由式（2.30）等号两边矩阵中的元素（2,1）相等和元素（2,2）相等，可得关节 6 变量 θ_6 的解：

$$ \theta_6 = \text{Atan2}\left(\lambda,\tau\right) \tag{2.33} $$

其中：

$$ \begin{aligned} \lambda = {} & n_x\left(s\theta_1 s\theta_3 s\theta_4 + c\theta_1 c\theta_4 s\theta_2 - c\theta_1 c\theta_2 c\theta_3 s\theta_4\right) \\ & - n_z\left(c\theta_2 c\theta_4 + c\theta_3 s\theta_2 s\theta_4\right) - n_y\left(c\theta_1 s\theta_3 s\theta_4 - c\theta_4 s\theta_1 s\theta_2\right. \\ & \left. + c\theta_2 c\theta_3 s\theta_1 s\theta_4\right) \end{aligned} \tag{2.34} $$

$$ \begin{aligned} \tau = {} & o_x\left(s\theta_1 s\theta_3 s\theta_4 + c\theta_1 c\theta_4 s\theta_2 - c\theta_1 c\theta_2 c\theta_3 s\theta_4\right) \\ & - o_z\left(c\theta_2 c\theta_4 + c\theta_3 s\theta_2 s\theta_4\right) - o_y\left(c\theta_1 s\theta_3 s\theta_4 - c\theta_4 s\theta_1 s\theta_2\right. \\ & \left. + c\theta_2 c\theta_3 s\theta_1 s\theta_4\right) \end{aligned} \tag{2.35} $$

至此，关节变量 θ_2、θ_3、θ_4、θ_5、θ_6 的解析式可由关节变量 θ_1 来表示，逆运动学方程由 6 维降至 1 维。由 C-FABRIK 方法输出关节变量 θ_1 的两个解，可由上述解析式分别得到关节变量 θ_2、θ_3 和 θ_4 的两

个解，求得关节变量 θ_5 和 θ_6 的一个解，一共可计算得 8 组逆解，如图 2.9 所示。

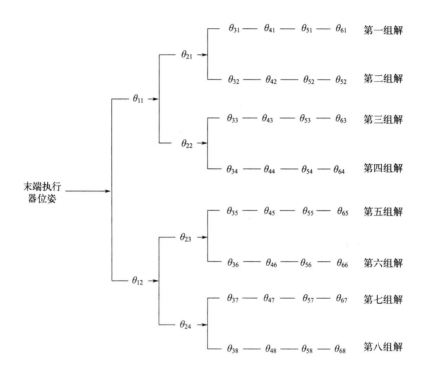

图 2.9　逆解逻辑图

2.4.4　启发式分层迭代逆解方法的实现流程

启发式分层迭代逆解方法主要包括基于C-FABRIK方法的逆解估计、基于解析法的逆运动学方程降维，以及数值循环迭代，本节给出启发式分层迭代逆解方法的完整流程和实现细节，如图 2.10 和算法 2.1 所示。

启发式分层迭代逆解算法以末端执行器目标位姿（平移矩阵 $\boldsymbol{P}_{3\times1}$ 和旋转矩阵 $\boldsymbol{R}_{3\times3}$）作为输入，以机械臂 8 组逆解（ $\theta_1^i, \theta_2^i, \theta_3^i, \theta_4^i, \theta_5^i, \theta_6^i$ ），

$i = 1, 2, \cdots, 8$，作为输出。算法开始执行后，由基于 C-FABRIK 方法的第一层迭代快速计算出关节 1 的两个近似解 θ_1 和 θ_1'，并以此作为第二层迭代的初始值。虽然在第二层迭代中用解析法计算所有关节的解，但是该组逆解是基于关节 1 的近似解得到的，故需要使用正运动学方对求得的解进行检验，保证其满足理论精度要求。当位置计算误差 ε_c 和姿态计算误差 γ_c 分别小于等于给定的位置理论精度 ε 和姿态理论精度 γ 时，可认为所求得的逆解满足机械臂作业要求，逆解有效；否则，以关节 1 的近似解 θ_1 或 θ_1' 为初值，依照迭代步距 α 向两边搜索并计算逆解，直到在给定搜索区间内寻找到满足精度要求的有效逆解。从 8 组有效逆解中筛选出符合关节限位约束和关节位移最短行程准则要求的唯一逆解，用以进行机械臂运动控制。

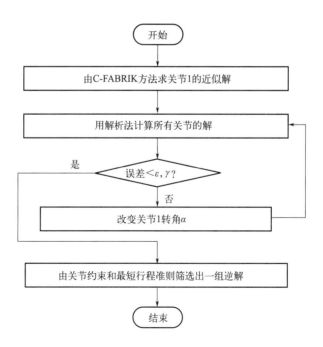

图 2.10　启发式分层迭代逆解方法流程图

算法 2.1　启发式分层迭代逆解算法

| 输入： | 机械臂末端执行器目标位姿 |
| 输出： | 8 组逆解（$\theta_1^i, \theta_2^i, \theta_3^i, \theta_4^i, \theta_5^i, \theta_6^i$），$i = 1, 2, \cdots, 8$ |

1　　% 由第一层迭代，即 C-FABRIK 方法，

2　　% 计算出关节 1 的两个近似解 θ_1、θ_1'

3　　$\psi = \left[\theta_1, \theta_1' \right]$

4　　% 计算所有关节转角

5　　**for** j = 1 : 2

6　　　$\theta_1^c = \psi(j)$

7　　dataset_up = $\theta_1^c : \alpha : \theta_1^c + \sigma_1$

8　　dataset_down = $\theta_1^c : -\alpha : \theta_1^c - \sigma_2$

9　　n = size(dataset_up)

10　　**for** k = 1:n

11　　　$\theta_1^s = $ dataset_up(k)

12　　% 由解析法求逆解

13　　Res(j) ← （$\theta_1^i, \theta_2^i, \theta_3^i, \theta_4^i, \theta_5^i, \theta_6^i$），$i = 1, 2, \cdots, 4$

14　　E_p, E_o ← 末端执行器位置和姿态计算误差

15　　**if** $E_p \leqslant \varepsilon$ & $E_o \leqslant \gamma$ == 1

16　　　**Return** Res(j)

17　　　　**Break**

18　　　　**End**

19　　　**End**

20　　**if** Res(j) is not empty

21　　　**for** h = 1:n

22　　　　$\theta_1^s = $ dataset_down(h)

23	$\mathrm{Res}(j) \leftarrow (\ \theta_1^i, \theta_2^i, \theta_3^i, \theta_4^i, \theta_5^i, \theta_6^i\ ),\ \ i = 1, 2, \cdots, 4$
24	$E_\mathrm{p}, E_\mathrm{o} \leftarrow$ 末端执行器位置和姿态计算误差
25	**if** $E_\mathrm{p} \leqslant \varepsilon\ \&\ E_\mathrm{o} \leqslant \gamma\ \ == 1$
26	**Return** Res(j)
27	**Break**
28	**End**
29	**End**
30	**End**
31	**End**

2.4.5　冗余逆解的选取

由机械臂关节限位约束和最短行程准则可将冗余逆解的选取转化为最优化问题，即通过计算给定代价函数的最值来确定机械臂冗余逆解的唯一解。因此，该优化问题可以描述为：

$$\begin{cases} \mathrm{minimize} f\left(\theta_k^i\right) = \sqrt{\displaystyle\sum_{k=1}^{6} \omega_k (\theta_k^i - \theta_k)^2}, i = 1, 2, \cdots, n, k = 1, 2, \cdots, 6 \\ \mathrm{s.t.}\ \ \theta_k^i \in \left[\theta_{k,\min}^i, \theta_{k,\max}^i\right] \end{cases} \quad (2.36)$$

其中，θ_k^i 表示机械臂冗余逆解的各关节角度；用 $\theta_k^i \in \left[\theta_{k,\min}^i, \theta_{k,\max}^i\right]$ 表示各个关节角度的限位；θ_k 是当前机械臂各关节角度；w_k 表示权重因子，即各关节电机功耗与总电机功耗的比值；$f(\theta_k^i)$ 为基于欧式距离的最短行程代价函数。由上节知，逆解筛选前共 8 组，即 $i=8$，考虑机械臂避障要求和各关节限位约束可先筛选出 n 组（$n \leqslant 8$）有效逆解，再由式（2.36）确定在关节空间中距离当前机械臂位姿最近且电机功耗最小的一组逆解，具体流程如图 2.11 所示。

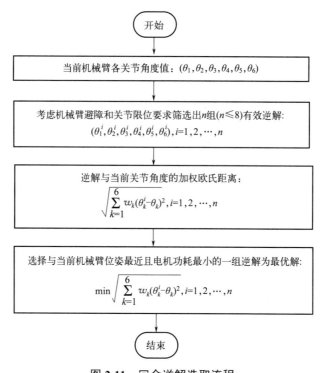

图 **2.11**　冗余逆解选取流程

2.5　启发式分层迭代逆解方法的性能分析

本节将对启发式分层迭代逆解方法的收敛条件、计算速度以及不同
参数对算法的影响等方面进行分析。

启发式分层迭代逆解方法通过解析法将 6 维逆解方程组降至 1 维，
即逆运动学解中所有关节角都可用参数 θ_1 表示。因此，6 自由度机械臂
的逆运动学求唯一解问题可转化为一维优化搜索问题。由最短行程准则，
根据式（2.36）可将该优化问题描述为：

$$\text{minimize } g(\theta_1)$$

$$\text{s.t.} \begin{cases} E_\text{p} \leq \varepsilon \\ E_\text{o} \leq \gamma \\ \boldsymbol{\Theta} \in \left[\boldsymbol{\Theta}_{\min}, \boldsymbol{\Theta}_{\max} \right] \end{cases} \tag{2.37}$$

其中，$\boldsymbol{\Theta}$ 是 6 自由度机械臂的关节变量向量，关节限位由 $\boldsymbol{\Theta}_{\min}$ 和 $\boldsymbol{\Theta}_{\max}$ 表示，ε 和 γ 分别是逆解算法数值迭代收敛条件中的位置理论精度和姿态理论精度，E_p 和 E_o 分别是位置计算误差和姿态计算误差。

令机械臂末端执行器在工作空间中的目标位置矩阵为 $\boldsymbol{P}_\text{t}$，目标姿态矩阵为 $\boldsymbol{R}_\text{t}$，通过理论计算所求得的位置矩阵和姿态矩阵分别为 $\boldsymbol{P}_\text{a}$ 和 $\boldsymbol{R}_\text{a}$，位置计算误差 E_p 用欧氏距离表示：

$$E_\text{p} = \left\| \boldsymbol{P}_\text{t} - \boldsymbol{P}_\text{a} \right\| \tag{2.38}$$

姿态计算误差矩阵 $\boldsymbol{R}_{\text{error}}$ 可视为末端执行器从理论计算姿态到目标姿态的旋转矩阵，由式（2.39）计算：

$$\boldsymbol{R}_{\text{error}} = \boldsymbol{R}_\text{t} \boldsymbol{R}_\text{a}^{-1} = \boldsymbol{R}_\text{t} \boldsymbol{R}_\text{a}^{-T} \tag{2.39}$$

为便于得到姿态计算误差，将 $\boldsymbol{R}_{\text{error}}$ 转化为四元数 $\begin{bmatrix} q_w & q_x & q_y & q_z \end{bmatrix}$：

$$\begin{bmatrix} q_w\, q_x\, q_y\, q_z \end{bmatrix} = \begin{bmatrix} \cos(\varphi / 2) \sin(\varphi / 2) \cdot \boldsymbol{U} \end{bmatrix} \tag{2.40}$$

其中，$\boldsymbol{U} = \begin{bmatrix} x & y & z \end{bmatrix}$ 是旋转向量。

所以，姿态计算误差为：

$$E_\text{o} = \varphi \tag{2.41}$$

该一维优化搜索涉及逆解关节角间的复杂嵌套耦合，以及冗余解等问题。因此，代价函数 $g(\theta_1)$ 很难用表达式简洁表示，也难于用凸优化的方法求解。C-FABRIK 方法给出的数值迭代初始值与满足约束要求的数值解十分接近，故可大幅度缩小一维搜索范围，提高搜索速度。因此，启发式分层迭代逆解方法采用局部遍历的方式求 θ_1，其迭代式为：

$$\theta_1^{k+1} = \theta_1^k + \alpha d_k \tag{2.42}$$

其中，α 为迭代步长，d_k 为搜索方向。

关于 θ_1 的机械臂逆解一维优化搜索共有 4 种收敛情况，如图 2.12 所示，图中 θ_1^* 表示逆解期望值。$\left[\theta_{1,\varepsilon}, \theta_{1,\varepsilon}'\right]$ 表示满足位置理论精度约束条件 $E_p \leqslant \varepsilon$ 的数值解所在范围，满足姿态理论精度约束条件 $E_o \leqslant \gamma$ 的数值解所在范围用 $\left[\theta_{1,\gamma}, \theta_{1,\gamma}'\right]$ 表示。因此，当收敛区间和局部搜索区间存在交集的前提下，式（2.37）的收敛条件可表示为：

$$\alpha \leqslant \left\| \max\left\{\theta_{1,\varepsilon}, \theta_{1,\gamma}\right\} - \min\left\{\theta_{1,\varepsilon}', \theta_{1,\gamma}'\right\} \right\| \tag{2.43}$$

一维遍历搜索的收敛时间取决于迭代次数，在满足式（2.43）收敛条件的前提下，迭代初始值 θ_1^{init} 和局部搜索区间 $\left[\theta_1^{\text{init}} - \sigma, \theta_1^{\text{init}} + \sigma\right]$ 对收敛速度有直接影响。

设收敛区间为 $[a, b]$，其中端点 $a = \max\left\{\theta_{1,\varepsilon}, \theta_{1,\gamma}\right\}$、$b = \min\left\{\theta_{1,\varepsilon}', \theta_{1,\gamma}'\right\}$。当迭代初始值 θ_1^{init} 满足：

$$a \leqslant \theta_1^{\text{init}} \leqslant b \tag{2.44}$$

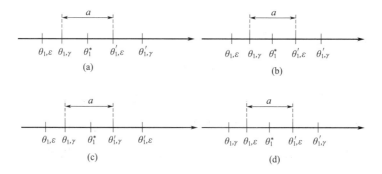

图 2.12　机械臂逆解一维搜索的收敛情况

算法迭代 1 次就能搜索到满足位姿理论精度要求的数值解 θ_1^c，即 $\theta_1^c = \theta_1^{init}$。由 2.4.4 节分析可知，在关节角 θ_1 的取值范围内存在 2 个满足位姿理论精度要求的数值解 θ_{11} 和 θ_{12}。因此，最快只需要 2 次数值迭代就能计算出数值解 θ_{11}、θ_{12}，最短计算时间可估计为：

$$t_{min} = 2\left(t_e^2 + n^1 t^1\right) \tag{2.45}$$

其中，t_{min} 表示最短估计时间，t_e^2 表示第二层迭代中的单次数值迭代用时，t^1 表示第一层几何迭代中的单次迭代用时，n^1 为几何迭代次数。t_e^2 和 t^1 在不同的运行环境中数值不同，n^1 小于等于设置的最大几何迭代次数 τ，并受几何迭代中位置理论精度 δ 的影响。

定义搜索算法的遍历优先次序为先遍历区间 $\left[\theta_1^{init}, \theta_1^{init} + \sigma\right]$，若无解，再遍历区间 $\left[\theta_1^{init} - \sigma, \theta_1^{init}\right]$。当局部搜索区间的右端点与收敛区间的左端点重合时，即：

$$\begin{cases} \theta_1^{init} - \sigma = b \\ \alpha \leqslant \|a - b\| \end{cases} \tag{2.46}$$

算法的最大数值迭代次数为 $n_{max} = 2\sigma / \alpha$，计算出数值解 θ_{11}、θ_{12} 所用的最长估计时间为：

$$t_{max} = 2\left(n_{max} t_e^2 + n^1 t^1\right) \tag{2.47}$$

启发式迭代逆解方法计算单个位姿逆解的总用时主要包括几何迭代用时和数值迭代用时。随着数值迭代次数 n 的增多，总用时随之增长，且数值迭代用时 $n t_e^2$ 占总用时的比例逐渐增大，几何迭代用时 $n^1 t^1$ 的占比逐渐减小。为了使计算逆解的时间尽量短，需要令初始值 θ_1^{init} 满足式（2.44），使数值迭代仅为 1 次，从而达到最短计算时间 t_{min}。

最短计算时间 t_{min} 主要受 C-FABRIK 方法的位置理论精度、几何迭代次数以及数值迭代中位姿理论精度的影响。启发式分层迭代逆解方法中的第一层几何迭代和第二层数值迭代所涉及的位置和姿态理论精度均指机械臂末端执行器的位姿理论精度。本节用 4 组实验分析说明不同参数对最短计算时间 t_{min} 的影响,再用 1 组实验分析说明在满足最短计算时间的条件下,如何控制位姿计算误差。实验中采用平均最短计算时间 t'_{min} 代替 t_{min}:

$$t'_{min} = \frac{t_{total}}{mn} \tag{2.48}$$

其中,t_{total} 为计算总时长,m 为机械臂末端执行器位姿点数量,n 为每个位姿点重复计算逆解的次数,规定只有 mn 个位姿点都能求出逆解的情况下 t'_{min} 才有效。m 个位姿点的平均位置计算误差 E'_p 和平均姿态计算误差 E'_o 为:

$$\begin{cases} E'_p = \dfrac{1}{m}\displaystyle\sum_1^m E_p^i \big/ n \\[3mm] E'_o = \dfrac{1}{m}\displaystyle\sum_1^m E_o^i \big/ n \end{cases} \tag{2.49}$$

其中,E_p^i 和 E_o^i 分别为第 i 个位姿点重复计算 n 次逆解的累计位置计算误差和累计姿态计算误差。

在搭载 Intel Core i7-8700K 3.70GHz 中央处理器和 16GB 内存的计算机中利用 MATLAB 2016b 软件进行仿真实验,采用 MATLAB 自带的 tic/toc 函数采集每次逆解的计算时间,累加后得到计算总时长 t_{total}。为机械臂末端执行器随机生成 30 个有效位姿点,每个位姿点重复计算 10 次,即 $m=30$,$n=10$。为保证数值迭代仅为 1 次,令迭代步长大于局部搜索范围,即 $\alpha > \sigma$,设置所有实验的迭代步长 $\alpha = 1°$,局部搜索范围

$\sigma = 0.1°$。实验中的机械臂构型及相关尺寸信息见 2.3 节。

第 1 组实验中，第二层数值迭代的位置理论精度为 $\varepsilon = 10^{-5}$ m，姿态理论精度为 $\gamma = 1°$。先令第一层几何迭代的最大迭代次数 $\tau = 15$ 次，在 10^{-10} 至 10^{-1} 范围内改变第一层迭代的位置理论精度 δ，记录平均最短计算时间 $t'_{\min}$，再令 $\delta = 10^{-8}$ m，在 1 至 25 范围内改变 τ，记录 $t'_{\min}$。

第 2 组实验中，除了第二层数值迭代的姿态理论精度为 $\gamma = 0.1°$ 外，其余设置与第 1 组实验一致。

第 3 组实验中，除了第二层数值迭代的姿态理论精度为 $\gamma = 0.01°$ 外，其余设置与第 1 组实验一致。

第 4 组实验中，设置参数 $\tau = 15$，$\delta = 10^{-8}$，$\gamma = 1°$，在 10^{-10} 至 10^{-1} 范围内改变 ε，记录 $t'_{\min}$。

第 5 组实验中，设置参数 $\tau = 15$，在 10^{-10} 至 10^{-1} 范围内改变第一层迭代的位置理论精度 δ，不设置位姿理论精度 ε 和 γ，分别记录平均位置计算误差 E'_{p} 和平均姿态计算误差 E'_{o}。

第 1、2、3 组实验结果如图 2.13、图 2.14 所示，其中纵轴均为平均最短计算时间 $t'_{\min}$，横轴分别为第一层几何迭代中的位置理论精度 δ 和最大迭代次数 τ。由图 2.13 知，在 1、2、3 组实验中，$t'_{\min}$ 随着位置理论精度 δ 的降低而逐渐减小。此外，姿态理论精度 γ 越高 $t'_{\min}$ 越大，并且随着 γ 增高，逆解算法在第一层迭代位置理论精度区间 $\left[10^{-10}, 10^{-1}\right]$ 内收敛的范围逐渐缩小。例如，当 $\gamma = 0.01°$ 时，逆解算法只在 $\delta \in \left[10^{-10}, 10^{-8}\right]$ 条件下收敛。由图 2.14 知，三组实验曲线均表现出先上升后平稳的趋势，曲线平稳意味着 C-FABRIK 方法的收敛迭代次数小于设定的最大迭代次数。此外，姿态理论精度 γ 越高，计算逆解所需要的几何迭代次数越多，相应的 $t'_{\min}$ 越大。

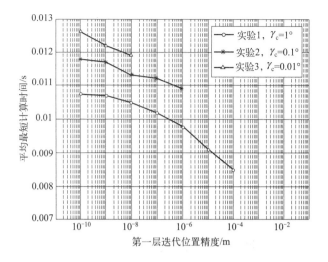

图 2.13　第一层迭代中的位置理论精度 δ 变化对逆解运算时间的影响

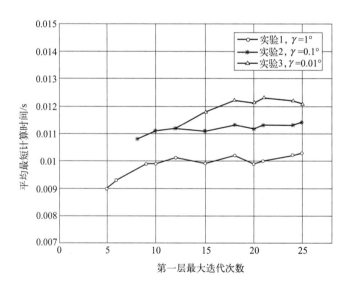

图 2.14　第一层迭代中的最大迭代次数 τ 变化对逆解运算时间的影响

第 4 组实验如图 2.15 所示，横轴为第二层数值迭代中的位置理论精度 ε，纵轴为平均最短计算时间 $t'_{\min}$。在参数 τ，δ，γ 固定的条件下，

位置理论精度 ε 在 $\left[10^{-10}, 10^{-1}\right]$ 范围内时，逆解算法可计算出全部位姿逆解，并且平均最短计算时间 $t'_{\min}$ 大致在 0.01s 至 0.0105s 范围内波动。由此可知，数值迭代位置理论精度 ε 的变化对逆解计算效率的影响很小。

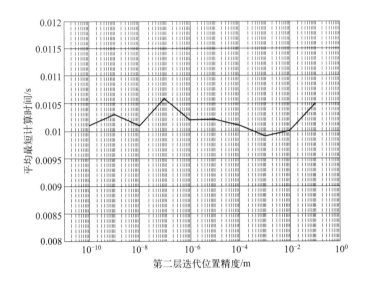

图 2.15　第二层迭代中的位置理论精度 ε 变化对逆解运算时间的影响

第一层几何迭代中 C-FABRIK 方法给出的数值迭代初始值对第二层的数值迭代次数有显著影响，进而影响启发式分层迭代逆解方法的整体计算效率。通过选择较为合理的几何迭代参数，即位置理论精度 δ 和最大迭代次数 τ，能够有效减少数值迭代次数。C-FABRIK 方法是一种启发式几何迭代方法，具有迭代次数少、收敛速度快的特点，所以在第一层几何迭代中，较少的迭代次数也可达到较高的位置理论精度。例如，由图 2.13 和图 2.14 知，在 $\delta \in \left[10^{-10}, 10^{-4}\right]$ 条件下，τ 的合理取值在 [5,20] 范围内。此外，第二层数值迭代中的姿态理论精度 γ 越高，逆解算法对几何迭代中的位置理论精度 δ 要求越高。例如，由图 2.13 知，在

$\gamma \in [0.01°, 1°]$ 条件下，δ 的取值至少在 $\left[10^{-8}, 10^{-4}\right]$ 范围内才能令算法收敛。数值迭代中位置理论精度 ε 的变化对逆解的计算效率和收敛性影响很小，在满足姿态理论精度 γ 的条件下，一般都能满足位置理论精度 ε 的要求。

　　第 5 组实验结果如图 2.16 和图 2.17 所示，横轴均为第一层迭代的位置理论精度 δ，纵轴分别为平均位置计算误差 E_{p}' 和平均姿态计算误差 E_{o}'。由图 2.16 知，总体而言，平均位置计算误差 E_{p}' 随着位置理论精度 δ 的提高而减小，特别是当 δ 小于 10^{-6}，E_{p}' 的减小幅度不明显，且趋近于 0。因此，δ 取值大于等于 10^{-6} 会令第一层输出的数值迭代初始值直接满足第二层数值迭代的位置理论精度 ε，从而减小数值迭代次数。由图 2.17 知，平均姿态计算误差 E_{o}' 随着位置理论精度 δ 的提高而逐渐减小，且当 δ 小于 10^{-4} 时，E_{o}' 小于 $1°$。因为仿人服务机器人在抓取操作过程中

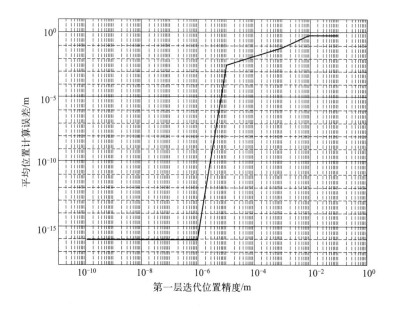

图 2.16　第一层迭代中的位置理论精度 δ 变化对位置计算误差的影响

对末端执行器的姿态理论精度要求不是特别高，一般保证姿态计算误差在 0.1°～1°范围内即可，所以 δ 的合理取值应不大于 10^{-4}。该组实验设置中的最大迭代次数 $\tau=15$，结合图 2.13、图 2.14 知，当 $\delta=10^{-8}$ 时，其求逆解的最短计算时间为 10ms 左右。在 $\gamma=0.1°$、$\varepsilon=10^{-5}$ 条件下，δ 的取值至少为 10^{-6} 才能令算法仅用 1 次数值迭代计算出所有位姿点的逆解，故在保证几何迭代次数不会过少的前提下（如上所述，一般 τ 在 [5,20] 范围内取值），$\delta \leqslant 10^{-6}$ 可令机械臂末端执行器的目标位姿逆解计算在满足位姿理论精度要求的同时具有较高的计算效率。

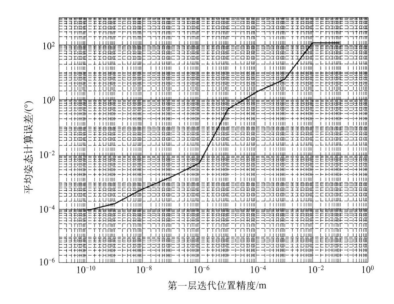

图 2.17　第一层迭代中的位置理论精度 δ 变化对姿态计算误差的影响

通过第 5 组实验结果可知，逆解算法的位置平均计算误差 E'_p 可达到 10^{-16} 数量级，而相同条件下，姿态平均计算误差 E'_o 只能达到 10^{-4} 数量级。出现此现象的原因有两点：①为控制几何迭代次数，提升收敛速度，C-FABRIK 方法采用位置理论精度 δ 作为迭代终止条件，未添加关于姿态理论精度的迭代终止条件，因此，基于迭代初始值 θ_1^{init} 求得的位置计算误差比姿态计算误差低许多；②在逆运动学和正运动学计算过程中，姿态计算解析式存在大量三角函数计算，由于计算机对三角函数的计算只能取到近似值，故当求解包含大量三角函数的复杂姿态解析式时，计算结果会产生明显的积累计算误差。已知目标位置矩阵为 $\boldsymbol{P}_t$、目标姿态矩阵为 $\boldsymbol{R}_t$，其逆运动学解为 $\boldsymbol{\Theta}$，其中 θ_2 至 θ_6 均可由 θ_1、$\boldsymbol{P}_t$、$\boldsymbol{R}_t$ 表示，由式（2.13）、式（2.22）、式（2.26）、式（2.29）、式（2.31）、式（2.33）可知，通过理论计算所求得的位置矩阵 $\boldsymbol{P}_a$ 和姿态矩阵 $\boldsymbol{R}_a$ 可表示为：

$$\begin{cases} \boldsymbol{P}_a = \psi\left(\theta_1, \boldsymbol{P}_t\right) \\ \boldsymbol{R}_a = \phi\left(\theta_1, \boldsymbol{P}_t, \boldsymbol{R}_t\right) \end{cases} \tag{2.50}$$

其中，涉及 $\boldsymbol{P}_a$ 计算的公式较少且简洁，涉及 $\boldsymbol{R}_a$ 计算的公式则较多且十分复杂，包含很多三角函数计算，导致在相同算法参数条件下，姿态计算误差 E_o 的数量级远高于位置计算误差 E_p 的数量级。由上述两点分析可给出相应的改善措施，通过给定较高的几何迭代位置理论精度 δ 和合理的最大迭代次数 τ，使初始值 θ_1^{init} 尽量接近逆解期望值 θ_1^*，从而既能保证位姿计算误差满足收敛要求，又能避免或者减小由此种情况导致的数值迭代计算量的明显增加。

由上述分析，启发式分层迭代逆解方法关于位置和姿态的理论计算误差可以通过调节第一层几何迭代中位置理论精度 δ 和最大迭代次数 τ 来进行控制。同时，提高位置理论精度 δ 和最大迭代次数 τ，能有效降低逆解的位姿计算误差。虽然较高的 δ 和 τ 可使数值迭代次数降至最低，但若几何迭代次数的增加过大亦会影响逆解计算速度。此外，减小数值迭代步长 α 也能降低算法计算误差，但是减小 α 会导致数值迭代次数增多，并且由于第二层迭代采用局部遍历的搜索方式，修改该层参数可能会严重影响算法计算效率。因此，根据任务要求选择合理的参数配置，才能在算法的求解速度、位姿计算误差、期望位姿精度间取得平衡。

2.6　机械臂速度与加速度分析

机械臂末端执行器在基坐标系下的速度与各个关节速度间的映射关系可以通过一阶雅可比（Jacobian）矩阵建立，利用二阶海森（Hessian）矩阵能建立二者间加速度的关系。

对于 6 自由度串联机械臂而言，其正运动学方程 [式（ 2.13 ）] 可写为：

$$p = \varPhi(\varTheta) \tag{2.51}$$

其中，$p = [p_1, p_2, p_3, p_4, p_5, p_6]^{\mathrm{T}}$ 表示机械臂末端执行器在基坐标系下的位置和姿态，前 3 个元素为位置，后 3 个元素为姿态，$\varTheta = [\theta_1, \theta_2, \theta_3, \theta_4, \theta_5, \theta_6]^{\mathrm{T}}$ 表示机械臂关节变量向量，$\varPhi$ 表示关节空间到任务空间的映射。

通过对式（2.51）两边关于 t 求导，可得机械臂末端执行器在基坐标系下的速度：

$$\dot{p} = J(\varTheta)\dot{\varTheta} \tag{2.52}$$

其中，机械臂末端执行器在任务空间内的速度为 $\dot{p}$，在关节空间内的速度为 $\dot{\varTheta}$，$J \in \mathbb{R}^{6 \times 6}$ 表示雅可比矩阵。

$\dot{p}$ 前三个元素为末端执行器的线速度，用 v_{e} 表示，$\dot{p}$ 后三个元素为末端执行器的角速度，用 ω_{e} 表示。进而，式（2.52）写成分块的形式为：

$$\dot{p} = \begin{bmatrix} v_{\mathrm{e}} \\ \omega_{\mathrm{e}} \end{bmatrix} = \begin{bmatrix} J_{\mathrm{L1}} J_{\mathrm{L2}} \cdots J_{\mathrm{L6}} \\ J_{\mathrm{A1}} J_{\mathrm{A2}} \cdots J_{\mathrm{A6}} \end{bmatrix} \begin{bmatrix} \dot{\theta}_1 \\ \vdots \\ \dot{\theta}_6 \end{bmatrix} = \begin{bmatrix} \sum\limits_{i=1}^{6} J_{\mathrm{L}i} \dot{\theta}_i \\ \sum\limits_{i=1}^{6} J_{\mathrm{A}i} \dot{\theta}_i \end{bmatrix} \tag{2.53}$$

其中，$\boldsymbol{J}_{Li}$ 和 $\boldsymbol{J}_{Ai}$ 分别表示与关节 i 对应的 3 维线速度和角速度系数，可由式（2.54）计算：

$$\begin{bmatrix} \boldsymbol{J}_{Li} \\ \boldsymbol{J}_{Ai} \end{bmatrix} = \begin{bmatrix} \boldsymbol{b}_{i-1} \times \boldsymbol{r}_{i-1,e} \\ \boldsymbol{r}_{i-1,e} \end{bmatrix} \tag{2.54}$$

式中，$\boldsymbol{b}_{i-1}$ 为关节 $i-1$ 的 z_{i-1} 轴在基坐标系下的单位向量，$\boldsymbol{r}_{i-1,e}$ 为关节 $i-1$ 的坐标系原点到末端执行器坐标系原点的向量。

已知末端执行器在任务空间的速度 $\dot{\boldsymbol{p}}$，通过直接对雅可比矩阵 $\boldsymbol{J}_{6\times 6}$ 求逆，可反求机械臂关节空间的速度 $\dot{\boldsymbol{\Theta}}$，且只有一组解：

$$\dot{\boldsymbol{\Theta}} = \boldsymbol{J}^{-1}\dot{\boldsymbol{p}} \tag{2.55}$$

对式（2.52）求导，可得机械臂末端执行器在基坐标系下的加速度与关节加速度间的关系：

$$\begin{aligned} \ddot{\boldsymbol{p}} &= \dot{\boldsymbol{J}}\dot{\boldsymbol{\Theta}} + \boldsymbol{J}\ddot{\boldsymbol{\Theta}} \\ &= \dot{\boldsymbol{\Theta}}^{\mathrm{T}}\boldsymbol{H}\dot{\boldsymbol{\Theta}} + \boldsymbol{J}\ddot{\boldsymbol{\Theta}} \end{aligned} \tag{2.56}$$

其中，$\boldsymbol{H}$ 为海森矩阵，由 6 层 6×6 阶矩阵组成。

海森矩阵的每一层矩阵 $\boldsymbol{H}_{p_i}$ 均由末端执行器在任务空间的相应位姿分量对关节变量的二阶偏导数组成，如：

$$\boldsymbol{H}_{p_i} = \begin{bmatrix} \dfrac{\partial^2 p_i}{\partial\theta_1\partial\theta_1} & \cdots & \dfrac{\partial^2 p_i}{\partial\theta_1\partial\theta_6} \\ \vdots & \ddots & \vdots \\ \dfrac{\partial^2 p_i}{\partial\theta_6\partial\theta_1} & \cdots & \dfrac{\partial^2 p_i}{\partial\theta_6\partial\theta_6} \end{bmatrix}, i=1,2,\cdots,6 \tag{2.57}$$

在实际计算中，$\boldsymbol{H}_{p_i}$ 可由雅可比矩阵 $\boldsymbol{J}$ 的第 i 行向量元素依次对关节变量求导数得到，计算流程如图 2.18 所示。

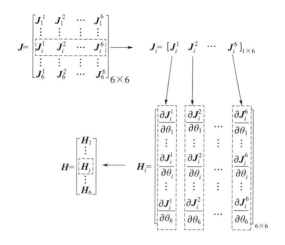

图 2.18 海森矩阵计算流程图

利用 $\ddot{p}_i = \dot{\boldsymbol{\Theta}}^{\mathrm{T}} \boldsymbol{H}_i \dot{\boldsymbol{\Theta}} + \boldsymbol{J}_i \ddot{\boldsymbol{\Theta}}$ 可计算机械臂末端执行器在基坐标系下的加速度，$\ddot{p}_1$、$\ddot{p}_2$、$\ddot{p}_3$ 分别表示沿基坐标系坐标轴 x_0、y_0、z_0 的线加速度，$\ddot{p}_4$、$\ddot{p}_5$、$\ddot{p}_6$ 分别表示绕 x_0、y_0、z_0 轴的角加速度。

已知末端执行器在任务空间的加速度 $\ddot{\boldsymbol{p}}$，可由式（2.56）推导出机械臂关节空间加速度 $\ddot{\boldsymbol{\Theta}}$ 的计算公式：

$$\ddot{\boldsymbol{\Theta}} = \boldsymbol{J}^{-1}(\ddot{\boldsymbol{p}} - \dot{\boldsymbol{\Theta}}^{\mathrm{T}} \boldsymbol{H} \dot{\boldsymbol{\Theta}}) \tag{2.58}$$

至此，6 自由度串联机械臂的速度和加速度均可由式（2.52）、式（2.55）、式（2.56）、式（2.58）计算。

2.7 启发式分层迭代逆解方法仿真实验与分析

本节通过仿真实验，证明了启发式分层迭代逆解算法具有易于收敛、计算误差小、收敛速度快、可获得多组解的特性。

2.7.1 实验设置

为了对启发式分层迭代逆解算法（Hierarchical Iterative Inverse Kinematic Algorithm，HIIKA）进行评估，将该算法应用于研制的非球形手腕机械臂以求解逆运动学问题。机械臂初始位姿如图 2.19 所示。机械臂的仿真实验参数设置如表 2.2 所示，其中 d_3、d_5、d_t 分别为肩到肘、肘到腕、腕到末端执行器坐标原点的距离。机械臂的具体构型与尺寸信息见 2.3 节。

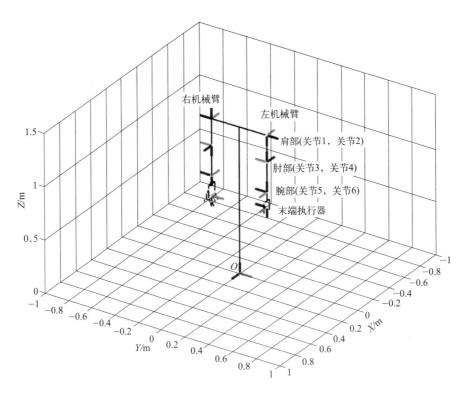

图 2.19 机械臂初始位姿

采用 Kucuk 等 [79] 提出的一种新的数值迭代逆解方法（New Inverse Kinematic Algorithm，NIKA）做对比实验。该方法与 HIIKA 第二层的数值迭代方法类似，将逆运动学方程组由 6 维降至 1 维，再用数值法迭代求解。与 HIIKA 方法不同的是，在关节 1 的关节空间内，NIKA 方法的初始值随机给定，而后遍历整个关节空间直到搜索到关节 1 的逆解为止。需要注意的是，NIKA 方法中不包含类似 C-FABRIK 方法给出的关节 1 近似逆解，其关节 1 的迭代初始值在关节限位内随机给定。NIKA 方法的收敛准则和唯一解筛选准则与 HIIKA 方法保持一致。实验环境为搭载 Intel Core i7-8700K 3.70GHz 中央处理器和 16GB 内存的工作站，仿真环境为 MATLAB 2016b。在仿真实验环境下使用 MATLAB 自带的 tic/toc 函数采集仿真程序每次计算逆解的用时（表 2.2）。

表 2.2　机械臂仿真实验参数

参数项	参数值
连杆长度（ d_3 / d_5 / d_t ）	0.2551m/ 0.2828m/ 0.1415m
初始姿态（关节 1 ~ 6）	0° /-90° /0° /-90° /0° /180°
关节限位（关节 1 ~ 6）	-90° ~ 45° /-90° ~ 0° /-90° ~ 90° / -180° ~ -45° /-90° ~ 90° /90° ~ 270°

　　为便于表示，在下文的实验及讨论中，用英文缩写 HIIKA 和 NIKA 分别表示本书提出的逆解方法和对比实验逆解方法。

2.7.2　仿真实验结果与讨论

　　通过求两组末端执行器目标位姿的逆解来测试 HIIKA 算法的收敛性、准确性、多解性、高效性。机械臂末端执行器的初始位姿和两组目标位姿如表 2.3 所示，末端位置向量和旋转向量中元素的单位分别为米和弧度。表 2.4 中参数 δ 和 τ 分别是 C-FABRIK 方法的位置理论精度和最大迭代次数，其余参数是第二层迭代中要设定的局部搜索范围、位姿理论精度和迭代步长等，其中位姿理论精度和迭代步长同时也应用于 NIKA 方法中。对逆解算法计算的收敛性、准确性和多解性进行测试，其实验结果如表 2.5 所示，包含末端执行器的位置计算误差、姿态计算误差，以及针对目标位姿 1、2，由 HIIKA 方法和 NIKA 方法计算得到的多组逆解等。其中位置计算误差和姿态计算误差的定义与式（2.38）、式（2.41）一致。

表 2.3　机械臂末端执行器在基坐标系下的位姿

末端位姿	末端位置向量 /m	末端旋转向量 /rad		
	p	n	o	a
初始位姿	0	0	1	0
	0.2310	0	0	−1
	0.7006	−1	0	0
目标位姿 1	0.5518	1	0	0
	0.2310	0	0.5	0.8660
	1.1591	0	0.8660	0.5
目标位姿 2	0.2593	0.4571	−0.833	−0.3108
	0.5889	0.3295	0.4833	−0.8111
	1.1291	0.8262	0.2683	0.4954

表 2.4　仿真实验算法参数设置

参数项	参数值
第一层迭代末端位置理论精度	$\delta = 1 \times 10^{-7} \text{m}$
第一层最大迭代次数	$\tau = 5$
关节 1 变量 θ_1 搜索范围	$\sigma = \pm 5°$
末端位置理论精度	$\varepsilon = 1 \times 10^{-5} \text{m}$
末端姿态理论精度	$\gamma = 1°$
迭代步长	$\alpha = 0.001°$

　　由表 2.5 可知，两种方法均能对目标位姿 1、2 完成逆解计算。HIIKA 方法和 NIKA 方法在完成对目标位姿 1 的逆解计算后分别获得 6 组解和 4 组解；针对目标位姿 2，HIIKA 方法给出 4 组解，NIKA 方法给出 2 组解。总体而言，HIIKA 方法可求出更多组逆解，更具灵活性。两种方法均是基于解析法的数值迭代方法，由式（2.50）分析可知，由此类数值迭代方法得到的位置计算误差数量级远低于姿态计算误差数量级。实验结果也显示，两种方法的位置计算误差均趋近于 0，姿态计算误差在 0.5°～ 1°之间。针对目标位姿 1，HIIKA 方法和 NIKA 方法所求得逆解的平均末端姿态计算误差分别为 0.7119 和 0.9570°；针对目标位姿 2，HIIKA 方法所求逆解的平均末端姿态计算误差为 0.7430°，NIKA 方法所求逆解的平均末端姿态计算误差为 0.9923°。因此，HIIKA 方法给出的结果稍好于 NIKA 方法。

表 2.5　位姿计算误差和逆解

位姿	方法	位置计算误差 /m	姿态计算误差 /(°)	逆解					
				θ_1/rad	θ_2/rad	θ_3/rad	θ_4/rad	θ_5/rad	θ_6/rad
目标位姿 1	HIIKA	9.467×10^{-17}	0.6470	1.0466	1.5448	1.6129	1.0472	-1.0909	-1.5502
		9.231×10^{-17}	0.6470	1.0466	1.5448	4.7545	-1.0472	2.0507	-1.5502
		8.654×10^{-17}	0.6978	1.0466	1.5968	1.5286	1.0472	-1.0037	-1.5909
		8.846×10^{-17}	0.6978	1.0466	1.5968	4.6702	-1.0472	2.1379	-1.5909
		3.184×10^{-17}	0.7910	0.7672	1.0835	2.6021	1.0472	-2.0404	-1.0704
		4.859×10^{-17}	0.7910	0.7672	1.0835	5.7436	-1.0472	1.1012	-1.0704
	NIKA	8.443×10^{-17}	0.9764	0.7750	1.0877	2.5854	1.0472	-2.0268	-1.0768
		6.871×10^{-17}	0.9764	0.7750	1.0877	5.7270	-1.0472	1.1148	-1.0768
		6.676×10^{-17}	0.9375	1.0460	1.5324	1.6331	1.0472	-1.1119	-1.5402
		5.003×10^{-17}	0.9375	1.0460	1.5324	4.7747	-1.0472	2.0297	-1.5402

续表

位姿	方法	位置计算误差/m	姿态计算误差/(°)	逆解					
				θ_1/rad	θ_2/rad	θ_3/rad	θ_4/rad	θ_5/rad	θ_6/rad
目标位姿2	HIIKA	4.449×10^{-16}	0.5075	1.0637	1.9380	-3.0814	0.5236	-0.9810	0.0830
		4.236×10^{-16}	0.5075	1.0637	1.9380	0.0602	-0.5236	2.1606	0.0830
		2.775×10^{-17}	0.9784	0.7674	2.1250	-1.9823	0.5236	-2.2164	0.3749
		2.775×10^{-17}	0.9784	0.7674	2.1250	1.1593	-0.5236	0.9251	0.3749
	NIKA	8.236×10^{-17}	0.9923	1.0810	1.9374	-3.1324	0.5236	-0.9236	0.0711
		8.236×10^{-17}	0.9923	1.0810	1.9374	0.0092	-0.5236	2.2180	0.0711

表2.6　关节1的数值迭代初始值与数值解

关节1逆解 θ_1	目标位姿1		目标位姿2	
	1组解	2组解	1组解	2组解
数值迭代初始值 θ_{11}^{init}、θ_{12}^{init} /rad	1.0471	0.7667	1.0632	0.7534
数值解 θ_{11}、θ_{12} /rad	1.0466	0.7672	1.0637	0.7674
误差率/%	0.0478	0.0652	0.0470	1.8240

　　将表2.5中关节1逆解值 θ_1 与第一层几何迭代输出的数值迭代初始值对比，二者之间的误差如表2.6所示。第二层数值迭代初始值 θ_{11}^{init} 和 θ_{12}^{init} 指由第一层 C-FABRIK 方法输出的关节1逆解值 θ_1 的两个估计值；表中数值解指在满足第二层位姿理论精度要求的逆解中，关节1的两个逆解 θ_{11} 和 θ_{12}，即表2.5中关节1逆解 θ_1 的两组解。由此表知，关节1数值迭代初始值与关节1数值解之间的误差率仅为 0.0478%、0.0652%、0.0470% 和 1.8240%，二者之间误差非常小。这揭示了 HIIKA 方法具有较高收敛性和较低位姿计算误差的原因。

　　为了测试算法的计算效率，用上述两种方法分别对目标位姿1和目标位姿 2 重复计算 100 次，算法参数配置与表 2.4 一致，运算时间与计算次数的关系如图 2.20 所示，其中横轴表示第 i 次逆解计算，纵轴表示单次逆解计算的用时。HIIKA 方法的求解时间明显少于 NIKA 方法，并且 HIIKA 的曲线波动程度很低，其稳定性远胜于 NIKA 方法。相比于 NIKA 方法随机给定的关节 1 初始值，HIIKA 方法第一层几何迭代给出的关节 1 数值迭代初始值能令逆解计算效率更高、更稳定。每种方法对单个目标位姿重复计算 100 次逆解的运算时间统计信息如表 2.7 所示，其中平均运算时间指一种方法对一个目标位姿计算 100 次逆解的总用时除以总次数 100 次得到的值，最大 / 小运算时间指 100 次重复运算中用时最长 / 短的逆解计算时间。HIIKA 方法相比于 NIKA 方法有明显优势。采用 HIIKA 方法求末端目标位姿 1 逆解的平均运算时间为 8.04ms，比 NIKA 方法快 160.27ms；对于求末端目标位姿 2 的逆解，HIIKA 方法平均运算时间为 26.77ms，比 NIKA 方法的计算时间缩短 108.32ms。在上述仿真环境和算法参数设置的条件下，HIIKA 方法求目标位姿 1、2 逆解的用时大致在 7.45 ～ 52.20ms 范围内，能够满足如仿人服务机器人这种对实时性要求不高的控制系统。

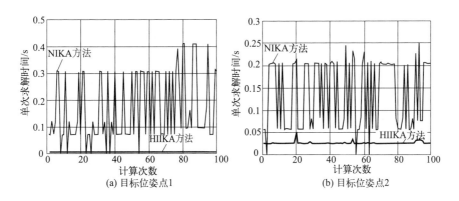

图 2.20　逆解计算 100 次的运算时间

表 2.7   算法重复求解 100 次的运算时间统计信息

末端位姿 算法	目标位姿 1		目标位姿 2	
	HIIKA	NIKA	HIIKA	NIKA
平均运算时间 /ms	8.04	168.31	26.77	135.09
最大运算时间 /ms	9.32	421.73	52.20	273.26
最小运算时间 /ms	7.45	0.90	25.13	0.89

为了研究末端执行器位姿理论精度变化对算法计算效率的影响，以表 2.4 中的算法参数为基础，分别改变末端执行器的位置理论精度 ε 和姿态理论精度 γ 来计算目标位姿 1、2 的逆解。在每个位姿精度条件下重复计算逆解 30 次，并统计 30 次逆解计算的平均用时，实验结果如图 2.21 和图 2.22 所示。随着位置理论精度的降低，HIIKA 方法和 NIKA 方法输出的平均求解时间曲线没有明显下降趋势，如图 2.21 所示。这是由于末端执行器的位置向量计算公式较少且简洁，即计算过程中的积累误差少 [参考式（2.13）中 $P_{3\times1}$ 表达式]，并且结合表 2.5 可知，两种算法的位置计算误差数量级至少达到 10^{-16}，而图 2.21 中位置理论精度（横坐标）的变化范围为 $10^{-10} \sim 10^{-1}$，故在此范围内，位置理论精度的变化对平均求解时间的影响不大。由图 2.22 知，HIIKA 方法和 NIKA 方法输出的平均求解时间曲线随着姿态理论精度的降低而有明显下降趋势。因为姿态向量计算公式较多且十分复杂，包含大量的三角函数计算，在计算过程中存在较大的积累误差 [参考式（2.13）、式（2.22）、式（2.26）、式（2.29）、式（2.31）、式（2.33）]，故求解时间对姿态理论精度的变化较为敏感。此外，无论是改变末端执行器的位置理论精度还是改变姿态理论精度，HIIKA 方法的计算效率和稳定性都显著优于 NIKA 方法。

为了验证 HIIKA 方法的连续求解能力，在仿真实验中采用离线计算的方式，由逆解算法依次计算机械臂末端执行器有序路径点的逆解。给定 3 种路径点序列，分别是边长为 0.2m 的正方形路径点序列，边长为 0.15m 的正三角形路径点序列，半径为 0.15m 的圆形路径点序列。此 3 种路径点序列在任务空间的中心点坐标均为（0.55，0.23，1.28），所在平面均与 yoz 平面平行。3 种路径点序列均由 100 个均布、等距路径点组成。为末端执行器的 z 坐标轴添加约束，使其在求解过程中始终与向量（0，0，1）保持一致。用 NIKA 方法进行对比实验，HIIKA 方法和 NIKA 方法的参数设置如表 2.8 所示。每种路径点序列的逆解计算实验重复执行 10 次。

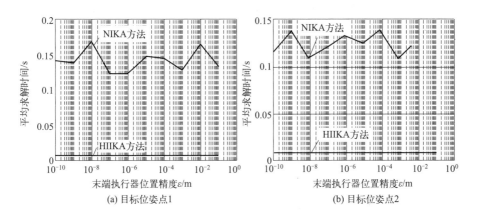

图 2.21　不同末端位置理论精度对逆解运算时间的影响

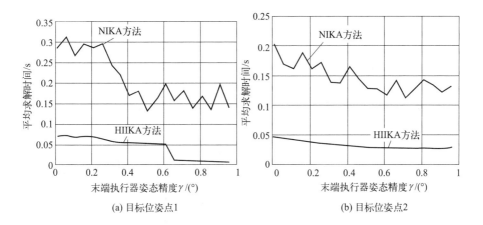

图 2.22　不同末端姿态理论精度对逆解运算时间的影响

表 2.8 仿真实验算法参数设置

参数项	参数值
第一层迭代末端位置理论精度	$\delta = 1 \times 10^{-7}\mathrm{m}$
第一层最大迭代次数	$\tau = 15$
关节 1 变量 θ_1 搜索范围	$\sigma = \pm 0.5°$
末端位置理论精度	$\varepsilon = 1 \times 10^{-3}\mathrm{m}$
末端姿态理论精度	$\gamma = 0.1°$
迭代步长	$\alpha = 0.001°$

　　末端执行器的有序路径点逆解计算实验结果如表 2.9 所示，其中平均用时指重复计算 10 次有序路径点的总用时除以总次数 10 次得到的值；平均丢失点数指在 10 次重复计算路径点序列的过程中，逆解计算失败的总路径点数量除以总次数 10 次得到值；HIIKA 方法的参数设定与表 2.8 一致；NIKA 方法的位姿理论精度与 HIIKA 方法一致，但是当迭代步长分别为 $\alpha = 0.001°$ 和 $\alpha = 0.0005°$ 时进行实验。如图 2.23（a）所示，采用 HIIKA 方法计算末端执行器的正方形路径点序列，其中方框是末端执行器的坐标系原点所到达的位置，即在该位置能够求出满足末端执行器位置和姿态理论精度的逆解，末端执行器矩形路径点的计算顺序用 1、2、3、4 标出。由 NIKA 方法计算出的路径点序列如图 2.23（b）所示，该方法没有完成全部路径点的逆解计算。正三角形、圆形路径点序列实验结果如图 2.24、图 2.25 所示。

表 2.9 有序路径点逆解计算实验结果

实验	方法	平均用时 /s	平均丢失点数
正方形路径点实验	HIIKA	1.84	0.7
	NIKA（ $\alpha = 0.001°$ ）	38.97	42.7
	NIKA（ $\alpha = 0.0005°$ ）	65.38	33.0

续表

实验	方法	平均用时 /s	平均丢失点数
正三角形路径点实验	HIIKA	1.79	0
	NIKA （ $\alpha = 0.001°$ ）	42.24	46.6
	NIKA （ $\alpha = 0.0005°$ ）	52.20	22.3
圆形路径点实验	HIIKA	1.91	0
	NIKA （ $\alpha = 0.001°$ ）	40.65	48.5
	NIKA （ $\alpha = 0.0005°$ ）	67.48	30.9

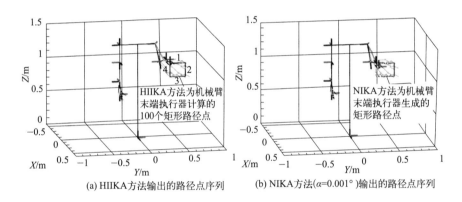

(a) HIIKA方法输出的路径点序列　　(b) NIKA方法($\alpha=0.001°$)输出的路径点序列

图 2.23　末端执行器正方形路径点序列

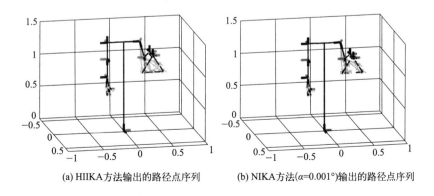

(a) HIIKA方法输出的路径点序列　　(b) NIKA方法($\alpha=0.001°$)输出的路径点序列

图 2.24　末端执行器正三角形路径点序列

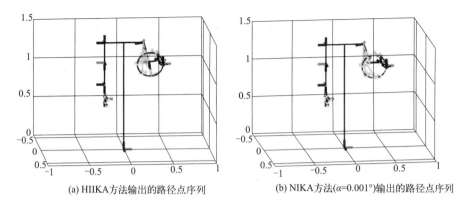

(a) HIIKA方法输出的路径点序列　　　　(b) NIKA方法(α=0.001°)输出的路径点序列

图 2.25　末端执行器圆形路径点序列

由表 2.9 知，在矩形路径点实验中，HIIKA 方法所用的平均计算时间为 1.84s，平均丢失点数为 0.7 个，每个点的平均计算时间是 18.4ms；当 $\alpha = 0.001°$，且其余参数不变时，NIKA 方法的平均计算时间为 38.97s，平均丢失点数为 42.7 个，每个点的平均计算时间是 389.7ms；当 $\alpha = 0.0005°$ 时，NIKA 方法的平均用时为 65.38s，平均丢失点数为 33.0 个，每个路径点的平均计算时间是 653.8ms。该实验结果表明，HIIKA 方法的逆解计算效果比 NIKA 方法有显著提升，并且 NIKA 方法的迭代步长直接影响算法的收敛性和收敛速度。三角形路径点序列实验、圆形路径点序列实验的结果可得到同样结论。

HIIKA 方法是以 NIKA 方法为基础改进的。两者相同的部分是将 6 维方程组简化为关于关节 1 变量 θ_1 的 1 维方程，再进行数值迭代求解，这点从参数设置中也有体现，即末端位姿理论精度和迭代步长两者通用。不同的部分体现在数值迭代初始值的确定和迭代搜索范围上。NIKA 方法的初始值在搜索范围内随机选定，其迭代搜索范围是 $\theta_1 \in [-90°, 45°]$，即关节 1 的运动范围；HIIKA 方法中数值迭代的初始值由 C-FABRIK

方法确定，并在该初始值附近的小范围内进行数值迭代搜索，合理的初始值和较小的搜索范围能大幅度提高计算速度。

在上述有序路径点实验中，NIKA 方法无法计算出全部路径点，并且计算速度较慢，主要因为在末端执行器位姿理论精度较高的条件下，随机给定的初始值和较大的迭代步长会导致较多路径点的逆解计算无法收敛。在表 2.9 中，NIKA ($\alpha = 0.0005°$) 在路径点逆解计算过程中的平均丢失点数明显少于 NIKA ($\alpha = 0.001°$) 的平均丢失点数，由此证明了上述结论。此外，每次路径点的求解失败就意味着 NIKA 算法已经对 $\theta_1 \in [-90°, 45°]$ 完成遍历搜索，大量的路径点逆解计算失败会耗费大量求解时间，显著降低 NIKA 方法的求解速度。而对于 HIIKA 方法而言，在第一层迭代末端位置理论精度 δ 的数量级远高于末端位姿理论精度 ε 和 γ 的条件下（见表 2.8），第一层 C-FABRIK 方法确定的关节 1 数值迭代初始值与第二层关节 1 数值解之间的计算误差非常小（见表 2.6），所以 C-FABRIK 方法输出的数值迭代初始值在大多数情况下能够作为关节 1 的数值解直接使用（在 2.5 节启发式分层迭代逆解方法性能分析中有详细讨论），并且在初始值的 $\pm 0.5°$ 范围内（参数 $\pm 5°$ 由表 2.6 确定）进行遍历搜索可进一步保证 HIIKA 方法的高求解成功率。若第一层迭代输出的数值迭代初始值与期望值差别较大，不能直接作为关节 1 的数值解使用，则有两种情况会出现算法不收敛：①数值迭代初始值在局部搜索范围 $\pm \sigma°$ 之外；②数值迭代初始值在局部搜索范围 $\pm \sigma°$ 内，但是迭代步长 α 较大。因此，根据需要提高第一层迭代末端位置理论精度 δ、增加第一层最大迭代次数 τ、合理扩大初始值的搜索范围 σ、适当减小数值迭代步长 α 均能够继续提高 HIIKA 方法的求解成功率。但是不合理的参数配置不仅对求解成功率的提升有限,还会损失相当一部分计算效率,降低 HIIKA 方法的整体求解效果。

2.8　本章小结

　　本章首先简述笛卡尔空间刚体位姿描述方法，以此作为理论基础。再基于 D-H 方法对机械臂进行正运动学分析。针对非球形手腕 6 自由度机械臂难于求解析解的问题，本书提出一种结合几何迭代法、解析法和数值迭代法的逆解计算方法，称为启发式分层迭代逆解（HIIKA）方法。该方法利用第一层迭代中 C-FABRIK 方法计算关节 1 的近似逆解，以此近似解作为第二层迭代的初始值。由第二层迭代中基于解析法的数值迭代方法计算机械臂的多组逆解，再根据关节约束和关节行程最短准则筛选出符合要求的唯一逆解。本书还对所提出方法的收敛性、收敛速度、参数影响等进行了全面的分析，并分析、建立了机械臂的速度和加速度模型。最后，本章通过算法仿真实验验证了 HIIKA 方法的可行性、准确性、高效性和稳定性。

第3章

机械臂静态路径规划方法

3.1　机械臂静态路径规划方法概述

　　路径规划是机器人运动学研究领域内的一个重要分支，旨在寻找一条从初始位姿到目标位姿的无碰撞路径。在环境信息完备的情况下，根据障碍物或目标物运动状态的不同，可将路径规划分为两类[134]：一类是静态路径规划，即障碍物位姿或目标物位姿保持不变，由机器人规划出一条无碰撞运动路径；另一类是动态路径规划，障碍物位姿或目标物位姿有变动，机器人需要根据实际情况动态地重规划局部路，其中静态路径规划是动态路径规划的基础。本章主要解决静态环境中机械臂的路径规划问题，以实现机械臂自主避障。

　　路径规划问题属于 PSPACE-hard 问题，其算法复杂度与机器人的自由度成指数关系[135-137]。多自由度机械臂的高维路径规划问题若处理不当，易出现"维数灾难"[138]，因此，高维路径的规划效率和算法完备性同样重要。基于随机采样的路径规划方法不需要构建显式方程，能够高效地进行路径规划。因此，该类方法广泛应用于求解各类高维路径规划问题[139]。此外，为了搜索能够满足路径最短、运行时间最短或者消耗能量最少等要求的最优或次优无碰撞路径，发展出具有渐进最优性的随机采样路径规划方法。理论上，随着采样数量趋近于无穷，该类方法能逐渐地收敛到最优解，而在实际应用中，受到计算资源和规划时间的限制，仅计算出满足使用要求的高质量解即可。仿人服务机器人的工作环境较为复杂、工作场景较多，面对更困难的高维复杂路径规划问题，这就要求静态路径规划算法既要给出高质量的规划路径，又要兼顾收敛效率和稳定性，同时还要具备一定的自适应能力。

本章提出一种可自适应求解不同高维复杂问题的随机采样规划方法，即基于通知采样技术和任意时间技术的快进树方法（Informed Anytime Fast Marching Tree），又称 IAFMT* 方法（符号"*"表示此方法具有渐进最优性）。通知采样技术[140]能够大幅度缩小最优解的搜索范围，提高 IAFMT* 方法求解最优解或次优解的计算效率。任意时间技术[141]旨在让算法快速获得一个可行路径后，在剩余的求解时间内不断优化可行路径，该技术可有效地提高算法的自适应性。IAFMT* 方法可用于求解服务机器人机械臂的静态路径规划问题，能够为多自由度机械臂快速规划出可行路径，随着算法的继续运行，逐渐地改善已生成的路径质量并逼近最优解。IAFMT* 方法由基于混合增量搜索（Hybrid Incremental Search）的可行路径规划和基于动态寻优搜索（Dynamic Optimal Search）的高质量路径规划两部分组成。基于混合增量搜索的可行路径规划综合了批量点采样搜索的高效性和单点采样搜索的自适应性，在规划空间内快速构建一棵具有较低代价值的路径树并给出一条可行路径。基于动态寻优搜索的高质量路径规划同时体现出惰性搜索快速求解的特点和非惰性搜索善于求最优解的特点，能够动态缩小最优解所在的范围，快速降低路径树的整体代价值，计算出高质量解，若规划时间足够长，能给出最优解。此外，本章从理论上分析证明 IAFMT* 方法的概率完备性和渐进最优性，并通过仿真实验验证了此方法的有效性、高效性、稳定性和自适应性。

3.2　路径规划

3.2.1　位形空间

机械臂的路径规划可在工作空间或位形空间进行。在工作空间中规划机械臂的路径有着概念直观、易于理解的优点，不足在于涉及大量工作空间与位形空间的转换，从而导致计算量非常大。鉴于此，机械臂路径规划一般直接在位形空间中进行。可借助流形的概念描述刚体机器人的位姿、移动路径和所处环境，流形的定义为：

设 $M \subset \mathbb{R}^m$ 为豪斯多夫拓扑空间，$\forall x \in M$ 有开邻域 $O \subset M$，令 O 同胚于 n 维欧几里得空间 $\mathbb{R}^n$ 中的一个开子集，则称 M 是一个 n 维流形。

由上述定义知，$m \geq n$。若将 n 维流形 M 嵌入到 $\mathbb{R}^m$ 空间中，则有二者之间的单映射关系。刚体机器人的平移和旋转可通过流形定义的 4 条推论和其任意组合的笛卡尔乘积来表示，4 条推论为：

① 实数集是 $\mathbb{R}^1$ 中的 1 维流形；

② 嵌入到 $\mathbb{R}^2$ 中的单位圆形为 1 维流形，简记 $\mathbb{S}^1$；

③ 嵌入到 $\mathbb{R}^3$ 中的单位球体为 2 维流形，简记 $\mathbb{S}^2$；

④ 嵌入到 $\mathbb{R}^{n+1}$ 中的单位超球体为 n 维流形，简记 $\mathbb{S}^n$。

基于流形的概念可定义位形空间 C-Space：

刚体机器人上任意点通过多次平移和旋转而构成的流形空间称为位形空间。

上述位形空间的定义将多自由度机器人在笛卡尔空间下的一个位姿

抽象成位形空间内的一个点，从而不需要复杂的刚体变换就能在位形空间内完成机器人的路径规划问题。此外，机器人在运动过程中的速度和加速度可通过光滑流形的切空间表示。

从代数拓扑角度看，空间刚体的旋转亦可由非奇异 $n \times n$ 实矩阵构成的特殊正交群 $SO(n)$ 表示，其维数为 $n(n+1)/2$。所以，$SO(2)$ 可表示刚体在平面中的姿态，并与 $\mathbb{S}^1$ 流形同构；$SO(3)$ 可表示刚体在空间中的姿态，并与 $\mathbb{S}^3$ 流形同构。由 $(n+1) \times (n+1)$ 矩阵构成的特殊欧拉群 $SE(n)$ 可同时表示刚体的平移和旋转，并与 $\mathbb{R}^n \times SO(n)$ 同胚。因此，平面单关节机器人对应的位形空间为 $C = \mathbb{R}^2 \times SO(2)$ 或用 $SE(2)$ 表示；空间单关节机器人对应的位形空间为 $C = \mathbb{R}^3 \times SO(3)$ 或用 $SE(3)$ 表示。多自由度串联机械臂的位形空间可由笛卡尔乘积定义，n 自由度机器人的位形空间为：

$$C = C_1 \times C_2 \times \cdots \times C_n \tag{3.1}$$

其中，C_i 为第 i 个连杆的位形空间。

例如，平面 2 自由度串联机械臂的位形空间为：

$$C = C_1 \times C_2 = SO(2) \times SO(2) = \mathbb{S}^1 \times \mathbb{S}^1 \tag{3.2}$$

即为嵌入到欧几里得空间 $\mathbb{R}^3$ 中的 2 维流形，如图 3.1 所示。

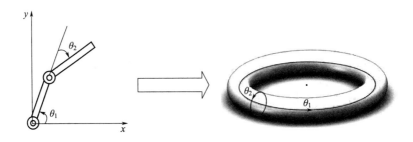

图 3.1   平面 2 自由度机械臂工作空间到位形空间的转换

3.2.2　障碍物和规划路径的表示

为了在位形空间内对机器人进行路径规划，需要将工作空间中的障碍物和机器人本体映射到位形空间中。机器人 d 维位形空间 $\mathcal{X}$ 中的任意点与其工作空间 $\mathcal{W}$ 唯一对应，可用映射 $\Omega: \mathcal{X} \to \mathcal{W}$ 表示，则 $\Omega^{-1}: \mathcal{W} \to \mathcal{X}$ 表示工作空间到位形空间的映射。假设工作空间中的障碍物 $\mathcal{O}_i \subset \mathcal{W},(i = 1, \cdots, n)$ 和机器人本体 $\mathcal{R} \subset \mathcal{W}$ 均是闭子集（有边界）。位形空间内障碍物区域 $\mathcal{X}_{\mathrm{obs}}$ 可用式（3.3）表达：

$$\mathcal{X}_{\mathrm{obs}} = \left\{ x \in \mathcal{X} \mid \Omega(x) \cap \mathcal{O}_i \neq \varnothing \cup \Omega(x) \cap \mathcal{R} \neq \varnothing \right\} \tag{3.3}$$

式（3.3）中 $\mathcal{X}_{\mathrm{obs}}$ 为闭子集，并且该式可处理多自由度机器人的避障问题和自碰撞问题。

无障碍物位形空间也称自由位形空间 $\mathcal{X}_{\mathrm{free}} \subset \mathcal{X}$，可表示为：

$$\mathcal{X}_{\mathrm{free}} = \mathcal{X} \setminus \mathcal{X}_{\mathrm{obs}} \tag{3.4}$$

机器人在工作空间中用多刚体表示，而在位形空间中仅用一点表示。表示方式的巨大差异同样体现在环境信息的表达上，虽然环境信息（如障碍物）在工作空间和位形空间中的表达其拓扑意义上同构，但是直观上看却完全不同。因此，复杂工作空间到位形空间的显式表示往往非常困难，而由逐点计算生成位形空间不仅对存储空间和计算机算力提出挑战，而且会大幅度降低计算效率。这也是诸如 Dijkstra 算法、A* 算法、D* 算法等图搜索规划方法虽然理论上具有完备性，但是在实际应用中却无法解决高维复杂环境下机器人路径规划问题的最主要原因。

基于上述定义，规划路径在数学意义上的描述为：

设起始点为 $x_{\mathrm{init}} \in \mathcal{X}_{\mathrm{free}}$，目标区域点集为 $\mathcal{X}_{\mathrm{goal}} \subset \mathcal{X}_{\mathrm{free}}$。一条无碰撞路径亦可称为路径规划问题的一个解，可表示为：

$$\begin{cases} \sigma:[0,1] \to \mathcal{X} \\ \sigma(\tau) \in \mathcal{X}_{\text{free}} \end{cases} \tag{3.5}$$

其中，$\forall \tau \in [0,1]$。令 Σ 为无碰撞路径的集合，$J(\sigma)$ 为无碰撞路径 σ 的代价值（例如令路径长度为代价值）。代价值越低，规划路径的质量越高，当代价值达到最小值时，可认为规划出最优路径，即最优解，用 σ^* 表示。最优规划路径 σ^* 的数学描述为：

$$\sigma^* = \arg\min_{\sigma \in \Sigma} \left\{ J(\sigma) \left| \begin{matrix} \sigma(0) = x_{\text{init}}, \sigma(1) = x_{\text{goal}} \\ \forall \tau \in [0,1], \sigma(\tau) \in \mathcal{X}_{\text{free}} \end{matrix} \right. \right\} \tag{3.6}$$

本书研究 6 自由度串联机械臂路径规划问题，维度 $d = 6$，规划的路径即为各个关节角的位移序列。

3.3 快进树方法（FMT*）基本原理

快进树方法（Fast Marching Tree，FMT*）由斯坦福大学 Lucas Janson 等人于 2015 年提出，是一种具有渐进最优性的随机采样运动规划方法，旨在快速求解高维位形空间中的复杂运动规划问题。FMT* 方法通过在位形空间中的固定数目随机采样点上执行惰性动态规划搜索来构建路径树，该路径树从起点开始稳定地呈圆盘状向四周扩散生长。FMT* 方法综合了两大类经典随机采样规划方法 RRT 类方法和 PRM 类方法的搜索特点。RRT 类方法由单点采样搜索增量地构建树状路径搜索图。路径搜索图的构建和可行路径的搜索同步进行，特点为规划可行路径的效率较高、规划高质量路径的效率较低、对求解不同规划问题的自适应性较强。PRM 类方法以批量点采样搜索为主，在固定数目的采样点上构建网状路径搜索图，然后再搜索可行路径。路径搜索图的构建和可行路径的搜索异步进行，特点是规划可行路径的效率较低、规划高质量路径的效率较高、对求解不同规划问题的自适应性较差。FMT* 方法由批量点采样搜索动态地构建树状路径搜索图，并同步搜索可行路径，对可行路径和高质量路径的规划都具有较高的效率，其自适应性却不理想。此外，FMT* 方法采用惰性搜索技术规避了大量的碰撞检测，这也是该方法能高效地求解高维复杂规划问题的关键所在，但也同时降低了计算最优解和次优解的效率。

算法 3.1　快进树算法（FMT*）

输入：	起点 x_{init}、目标点 x_{goal}、随机采样点数 n 和搜索半径 r_n
1	在 $\mathcal{X}_{\text{free}}$ 内随机采样 n 次，生成包含 x_{init}、x_{goal} 和 n 个采样点的集合 V
2	将 x_{init} 添加到集合 V_{open}；将 V 中其他采样点添加到集合 $V_{\text{unvisited}}$；
3	以 x_{init} 为根节点初始化路径树
4	在 V_{open} 中寻找到代价值最小的节点 z
5	遍历 z 在 $V_{\text{unvisited}}$ 中的所有临近点 x
6	寻找到在 V_{open} 中的所有临近点 y
7	在所有临近点 y 中寻找到连接节点 x 的局部最优路径
8	若连接路径无碰撞，将该路径添加到路径树中
9	从 $V_{\text{unvisited}}$ 中删除成功连接的节点 x，添加 x 到 V_{open} 中
10	从 V_{open} 中删除节点 z，并添加该节点到 V_{closed} 中
11	重复上述步骤，直到出现如下终止条件之一： （1）若 V_{open} 为空集，则路径规划失败 （2）若 V_{open} 中代价值最低的节点 z 为 x_{goal}，则规划成功，并输出规划路径

FMT* 方法的具体实现流程如算法 3.1 所示。算法的输入除了最基本的起点 x_{init} 和目标点 x_{goal} 外，还有随机采样点数量 n 和搜索半径 r_n。随机采样点数量 n 应用于算法初始化过程，FMT* 方法在 $\mathcal{X}_{free}$ 内进行 n 次随机采样，并将起点、目标点和所有随机采样点添加到集合 V（算法 3.1 第 1 行）。搜索半径 r_n 是算法单次迭代搜索的必要参数，用于定义一个点的临近点，如图 3.2 所示。搜索半径 r_n 表达式如下：

$$r_n = (1+\eta) \times 2 \left(\frac{1}{d}\right)^{\frac{1}{d}} \left(\frac{\mu(\mathcal{X}_{free})}{\zeta_d}\right)^{\frac{1}{d}} \left(\frac{\lg n}{n}\right)^{\frac{1}{d}} \tag{3.7}$$

其中，$\eta > 0$，是一个较小的常数，也是 r_n 的可调节参数；d 是欧几里得空间维数；n 表示随机采样点数目；$\mu(\bullet)$ 为勒贝格测度；ζ_d 是 d 维欧几里得空间内单位球的体积。我们称所有已经添加到路径树上的随机采样点为节点。依据采样点和节点不同的属性，将集合 V 划分为 3 个子集，分别为 $V_{unvisited}$、V_{open} 和 V_{closed}。集合 $V_{unvisited}$ 包含所有未被连接到路径树上的采样点，称之为未访问采样点，其中一部分从未被尝试添加到路径树上，另一部分由于碰撞检测的失败无法被添加到路径树上。集合 V_{open} 包含当前处于激活状态的路径树上节点，称这些节点为开放节点，随着路径树的生长扩展，开放节点将会尝试连接临近的未访问采样点。集合 V_{closed} 包含不再尝试生成新连接的路径树上节点，称之为封闭节点。直观来看，当路径树生长扩展时，路径树外是未访问采样点，与未访问采样点最近的树上节点是开放节点，与未访问采样点较远的是封闭节点。算法 3.1 第 2、3 行初始化 $V_{unvisited}$、V_{open} 和路径树。选择 V_{open} 中代价值最小的节点 z，寻找并遍历 z 的所有临近未访问采样点 x，如算法第 4、5 行和图 3.2（a）所示。在 V_{open} 中搜索单个采样点 x 的所有临近开放节点 y，如算法第 6 行和图 3.2（b）所示。忽略障碍物，计算单个采样点 x 连接每个临近节点 y 后得到的路径代价值，采样点 x 尝试连接令其代价

值最小的临近节点 y。若连接成功，将该无碰撞路径添加到路径树上，如算法第 7、8 行和图 3.2（b）、（c）所示；若连接失败，则直接跳过当前采样点 x，对下一个采样点 x 执行上述操作，该步骤也是 FMT* 方法惰性搜索的关键部分。当遍历所有临近未访问采样点 x 结束后，所有能成功连接到路径树上的 x 都会从 $V_{\text{unvisited}}$ 中删除，并添加到 V_{open} 中，成为开放节点，如算法第 9 行和图 3.2（d）所示，而未能连接到树上的 x 将会在之后的迭代中继续被尝试连接。节点 z 遍历完成后，将之添加到 V_{closed} 中，如算法第 10 行和图 3.2（d）所示，而后 FMT* 方法将进行下一轮迭代，即算法第 4 ~ 10 行。每轮迭代开始时，V 中任意一个采样点或节点必在三个集合 $V_{\text{unvisited}}$、V_{open}、V_{closed} 中的一个集合之内，且不能同时存在于两个或三个集合中。当 V_{open} 为空集或从 V_{open} 中选取的 z 为 x_{goal} 时，算法停止迭代。

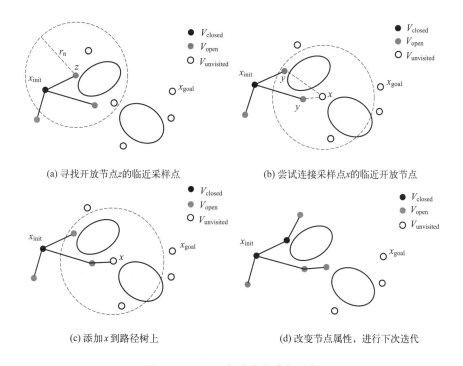

(a) 寻找开放节点 z 的临近采样点

(b) 尝试连接采样点 x 的临近开放节点

(c) 添加 x 到路径树上

(d) 改变节点属性，进行下次迭代

图 3.2　FMT* 方法单次迭代过程

综上所述，FMT*方法具有如下两点关键特性。

① 算法单次迭代选取的节点 z 是 V_{open} 中代价值最小的节点，并且仅对搜索半径 r_n 内的节点尝试单步最优连接，这使得 FMT*方法生成的路径树呈圆盘状生长扩展。此外，FMT*方法在生长扩展路径树的同时，也对可行路径进行搜索。因此，FMT*方法求解同一规划问题时，只要参数随机采样点数量 n 和搜索半径 r_n 不变，每次路径规划所用的时间和输出的规划路径质量不会有太大差异，对比 RRT 类方法体现出明显的稳定性。

② 通过忽略障碍物而实现的惰性搜索节约了计算资源、提高了计算效率，对于求解高维复杂问题具有优势。

FMT*方法的不足有以下两点。

① FMT*方法对不同规划问题的自适应性较差。规划过程中随机采样点数 n 保持不变，若无解，则需要改变 n 的值重新规划。当面对一个陌生的规划问题时，合理的随机采样点数 n 往往无法快速确定。n 的值设定较低则无法求解，设定较高便导致 FMT*方法计算效率下降。解决方法一般是根据经验人工调试参数 n 或者编写程序由计算机调试参数 n，这极大地限制了 FMT*方法的应用范围。面对陌生的高维复杂规划问题时，此局限尤为明显。

② 惰性搜索令算法易输出次优解。尽管随着随机采样点数量的不断增多，算法输出次优解的概率会逐渐降低，但是 n 值过大会大幅降低算法计算效率。

3.4 基于通知采样技术和任意时间技术的快进树方法（IAFMT*）

对于单一高维运动规划问题，经过调试的 FMT*方法能快速输出高质量的规划路径，但是当面对不同的高维运动规划问题时，频繁调试会提升 FMT* 方法的时间成本，间接导致该方法的效率降低，并显示出该方法自适应性不足的特点。仿人服务机器人机械臂在服务作业过程中，其运动规划器往往需要高效、稳定地求解不同高维复杂运动规划问题，故 FMT* 方法很难发挥其搜索能力强、计算速度快、规划路径质量较高的优势。鉴于此，本节改进 FMT* 方法，提出一种基于通知采样技术和任意时间技术的快进树方法，即 IAFMT* 方法，用于快速、稳定、自适应地求解不同难度的高维运动规划问题，如算法 3.2 ～算法 3.7 所示。

3.4.1　IAFMT* 方法概述

IAFMT* 方法是以 FMT* 方法为基础的任意时间渐进最优随机采样方法，面对不同高维运动规划问题，能快速规划出一条代价值较低的可行路径，随着算法继续执行，动态优化现有规划路径直至获得次优解或最优解。IAFMT* 方法如算法 3.2 所示。阐述 IAFMT* 方法原理之前，需要先说明算法 3.2 中涉及的一些变量和函数。搜索半径 r_n 的意义和表达式与 FMT* 方法中相同，具体见式（3.7）。σ 和 σ_{HQ} 分别为可行规划路径和算法最终输出的高质量规划路径。集合 V_i 表示第 i 轮搜索过程中，$\mathcal{X}_{free}$ 内所有采样点和节点的集合。函数 SampleFree(n) 可在 $\mathcal{X}_{free}$ 内随机均布采样 n 个点。路径树用 $T = (V, E)$ 表示，其中 V 和 E 分别表示树上的节点集合和路径连线集合。$V_{unvisited}$、V_{open} 和 V_{closed} 的意义与算法 3.1 中一致，不再赘述。N_z 是函数 Near(V_{space}, z, r_n) 的简写，返回开放节点 z 的半径 r_n 内所有节点和采样点，z 的临近点集为：

$$\{x \in V_{space} \, \| x - z \| < r_n\} \tag{3.8}$$

其中，V_{space} 是当前位形空间内所有点的集合。函数 $Cost_T(x)$ 可给出

从起点 x_{init} 到当前节点 x 的树上最近路径代价值。

算法 3.2　IAFMT* 方法

输入：　起点 x_{init}、目标点 x_{goal}、搜索半径 r_n、随机采样点数 n、
　　　　规划时间 t、路径代价阈值 J_{given}

1　　　　$V_0 \leftarrow \{x_{init}\}$，$i \leftarrow 1$

2　　　**while** t **do**

3　　　　　**if** $\sigma = \varnothing \cap \sigma_{HQ} = \varnothing$ **then**

4　　　　　　　$V_i \leftarrow V_{i-1} \cup \text{SampleFree}(n)$；$V_{unvisited} \leftarrow V_i \setminus V_0$；$E \leftarrow \varnothing$

5　　　　　　　$\{V_{open}, V_{closed}, T, z, N_z\} \leftarrow \text{Initialize}(V_i, V_{unvisited}, E)$

6　　　　　　　$\{\sigma, T\} \leftarrow \text{HybridIncrementalSearch}(T, z)$；

7　　　　　**if** $\sigma \neq \varnothing \cap \sigma_{HQ} = \varnothing$ **then**

8　　　　　　　$\sigma \leftarrow \text{DynamicOptimalSearch}(V_{i-1}, T)$；$i \leftarrow i+1$

9　　　　　　　**if** $\text{Cost}_T(x_{goal}) \leqslant J_{given}$ **then**

10　　　　　　　　**return** $\sigma_{HQ} \leftarrow \sigma$

11　　　　**return** σ

　　IAFMT* 方法的搜索步骤如算法 3.2 和图 3.3 所示。IAFMT* 方法先在位形空间内进行随机均布采样 n 个点，生成包含起点、目标点和所有采样点的集合 V_i，再由函数 $\text{Initialize}(V_i, V_{unvisited}, E)$ 对路径树和相关参数进行初始化。混合增量搜索函数 $\text{HybridIncrementalSearch}(T, z)$ 采用基于批量采样点的惰性动态规划搜索技术快速扩展路径树，如图 3.3（a）所示。若路径树的扩展遇到阻碍而停止生长，算法切换至基于单点采样的增量搜索，帮助路径树继续快速生长，直至 IAFMT* 方法初次搜索到一条可行规划路径 σ 为止，如图 3.3（b）、（c）所示。$\text{DynamicOptimalSearch}(V_{i-1}, T)$ 为动态寻优搜索函数，该函数引入

通知采样技术大幅缩小最优路径的搜索范围，并以一种综合了惰性和非惰性搜索特点的搜索方式来动态地改善当前可行规划路径。当可行规划路径 σ 的代价值小于等于路径代价阈值 J_{given} 时，算法停止搜索，输出高质量规划路径 σ_{HQ}，如图 3.3（d）～（f）所示。若 $J_{given} \leqslant J(\sigma^*)$ 且运算时间 t 足够长，则高质量规划路径 σ_{HQ} 等于最优规划路径 σ^*。

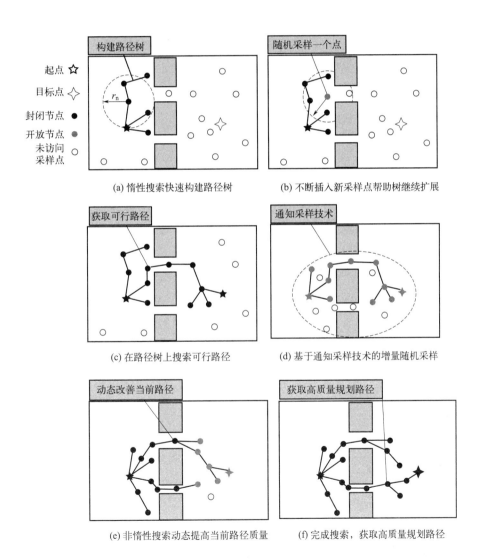

图 3.3　IAFMT* 方法搜索过程

综上所述，IAFMT* 方法具有如下三个关键特性。

① 自适应性。混合增量搜索中的单点采样搜索起到"桥接"作用，令路径树接近远端的未访问采样点，以便完成对位形空间的探索，找到可行路径。该特性能令 IAFMT* 方法自适应各种不同的路径规划问题。

② 规划路径动态优化。动态寻优搜索在执行的过程中不断降低路径树的总体代价值，进而动态地优化当前规划路径。在实际应用中，当算法未执行完便被强行中断时，该特性可使 IAFMT* 方法输出中断前已经优化过的次优规划路径。

③ 局部最优连接。动态寻优搜索先采用惰性搜索进行快速规划，再利用非惰性搜索修正已生成的局部次优连接。配合通知采样技术，动态寻优搜索能够快速再次扩展路径树，并高效修正路径树上的所有次优连接。

3.4.2　基于混合增量搜索的可行路径规划

混合增量搜索旨在快速、高效、自适应地获取一条代价值较低的初始规划路径。算法 3.3 是混合增量搜索的算法实现，其中 ExpandTree(z) 为基于批量采样点的惰性动态规划搜索函数，z 表示当前单次迭代中被选中的开放节点，用于扩展路径树并具有最低代价值。该函数用于在位形空间内的固定数量采样点间快速构建、扩展路径树，也是 FMT* 方法的核心部分。函数 Path(x_{goal}, T) 返回可行路径。当基于批量采样点的惰性动态规划搜索无法继续扩展路径树时，基于单点采样的增量搜索函数 InsertNode(T) 能在 $\mathcal{X}_{free}$ 内随机插入一个新采样点。该采样点会尝试连接路径树上节点和未访问采样点来帮助路径树继续生长，直至规划出初始可行路径。

基于批量采样点的惰性动态规划搜索函数 ExpandTree(z) 如算法 3.4

所示。将开放节点 z 的临近未访问采样点添加到集合 X_{near}，遍历 X_{near} 中采样点 x，搜索 x 的所有临近开放节点 $y \in Y_{\text{near}}$，并确定 Y_{near} 中令 x 代价值最小的节点 y_{min}。若 x 和 y_{min} 间无障碍，则 x 以 y_{min} 为父节点连接到路径树上，而后 x 被移到临时的开放节点集合 V'_{open}。当遍历完 X_{near} 中所有采样点 x，将 V'_{open} 中所有节点移到开放节点集合 V_{open}，并将开放节点 z 转变为封闭节点。第 9 行函数 RewireConnection(x, Y_{near}) 的作用为动态修正次优连接，混合增量搜索中不会用到该函数，后文会详细说明。若 V_{open} 为空集，且算法没有找到可行路径 σ，则搜索失败，否则返回下一个开放节点 z 和当前路径树 T。

算法 3.3　HybridIncrementalSearch(T, z)

1　　**while** $z \neq x_{\text{goal}}$ **do**

2　　　　$\{z, T\} \leftarrow$ ExpandTree(z) ; $\sigma \leftarrow$ Path(x_{goal}, T)

3　　　　**if** $\sigma \neq \varnothing$ **then break**

4　　　　**if** $\sigma = \varnothing \cap V_{\text{open}} = \varnothing$ **then** $T \leftarrow$ InsertNode(T)

5　　**return** $\{\sigma, T\}$

算法 3.4　ExpandTree(z)

1　　$V'_{\text{open}} \leftarrow \varnothing$; $X_{\text{near}} \leftarrow N_z \cap V_{\text{unvisited}}$

2　　**for** $x \in X_{\text{near}}$ **do**

3　　　　$N_x \leftarrow$ Near$(V \setminus \{x\}, x, r_n)$; $Y_{\text{near}} \leftarrow N_x \cap V_{\text{open}}$

4　　　　$y_{\text{min}} \leftarrow \arg\min_{y \in Y_{\text{near}}} \{\text{Cost}_T(y) + \text{Cost}(y, x)\}$

5　　　　**if** CollisionFree(y_{min}, x) **then**

6　　　　　　$T.\text{parent}(x) \leftarrow y_{\text{min}}$

7　　　　　　$V'_{\text{open}} \leftarrow V'_{\text{open}} \cup \{x\}$; $V_{\text{unvisited}} \leftarrow V_{\text{unvisited}} \setminus \{x\}$

8　　$V_{\text{open}} \leftarrow \left(V_{\text{open}} \cup V'_{\text{open}}\right) \setminus \{z\}$; $V_{\text{closed}} \leftarrow V_{\text{closed}} \cup \{z\}$

9	**if** $\sigma \neq \varnothing$ **then** $T \leftarrow \text{RewireConnection}(x, Y_{\text{near}})$
10	**if** $V_{\text{open}} = \varnothing \cap \sigma = \varnothing$ **then return** Failure
11	$z \leftarrow \arg\min_{y \in V_{\text{open}}} \{\text{Cost}_T(y)\}$
12	**return** $\{z, T\}$

算法 3.5   InsertNode(T)

1	$s \leftarrow \text{SampleFree}(1)$; $W_{\text{near}} \leftarrow \text{Near}(V_i, s, r_n) \cap V_{\text{closed}}$
2	**while** $W_{\text{near}} \neq \varnothing$ **do**
3	$x_{\min} \leftarrow \arg\min_{x \in W_{\text{near}}} \{\text{Cost}_T(x) + \text{Cost}(x, s)\}$
4	**if** CollisionFree($x_{\min}, s$) **then**
5	$T.\text{parent}(s) \leftarrow x_{\min}$
6	$V_{\text{open}} \leftarrow V_{\text{open}} \cup \{s\}$; $z \leftarrow s$
7	**break**
8	**else then** $W_{\text{near}} \leftarrow W_{\text{near}} \setminus \{x_{\min}\}$
9	**return** T

函数 InsertNode(T) 如算法 3.5 所示。该函数在 $\mathcal{X}_{\text{free}}$ 内插入一个新采样点 s，并搜索 s 的临近封闭节点集合 W_{near}。遍历 W_{near} 中节点 x，执行与算法 3.4 中类似的方法，将 s 连接到路径树上，并转为开放节点，使路径树能够重新生长。需要注意的是，ExpandTree(z) 执行的是一种惰性寻优搜索，而 InsertNode(T) 执行的是非惰性寻优搜索。尽管如此，从整体上看，InsertNode(T) 依然产生了大量的次优连接，后文中会对此不足进行分析和修正。

基于单点采样的增量搜索函数 InsertNode(T) 提升了 IAFMT* 方法求解不同规划问题的自适应性。此外，仅仅将不断插入的单个采样点 s 以局部最优的方式连接到树上并不足以令路径树快速生长，插入点 s 本身起到"桥接"的作用，使路径树上的节点通过 s 可连接到位形空间内剩余的未访问节点，进而再次重启基于批量采样点的惰性动态规划搜索函数 ExpandTree(z)，从而实现路径树的快速生长扩展，并最终搜索到初始可行规划路径。

3.4.3　通知采样技术基本原理

多伦多大学的 Jonathan 等 [142] 于 2018 年在改进 RRT* 方法的过程中提出了 Informed Sample 方法，即通知采样技术。该方法通过缩小最优解的搜索范围来大幅度提高随机采样规划方法的高质量解计算效率，基于通知采样技术的最优路径搜索过程如图 3.4 所示。通知采样是在求得初始规划路径后开始执行的，如图 3.4（a）所示。随机采样算法规划出一条路径 σ，通知采样技术依据路径 σ 的代价值 $J(\sigma)$ 给出一个以起点和目标点为焦点的椭圆形（n 维空间下为超椭球体）范围，在该椭圆形范围内存在最优解。由椭圆形的定义可知，椭圆形轨迹上的任意一点到两个焦点距离的和为常数，故通知采样技术给出的椭圆形如图 3.5 所示，在椭圆形内部的采样点满足如下不等关系：

$$\left\| x - x_{\mathrm{init}} \right\| + \left\| x - x_{\mathrm{goal}} \right\| \leqslant J(\sigma) \tag{3.9}$$

随着搜索的继续进行，质量更高的规划路径将被发现，椭圆形搜索范围也会进一步缩小，如图 3.4（b）所示。若起点和目标点间无障碍，则椭圆形搜索范围最后会收缩至非常小，直到算法输出最优路径为止，如图 3.4（c）所示。

综上所述，通知采样技术原理简单，在应用中易于实现，常与基于任意时间技术的随机采样方法配合使用，可有效提高最优解或次优解的计算效率。

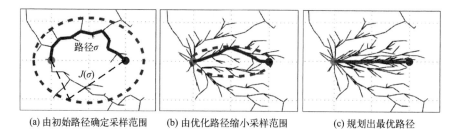

(a) 由初始路径确定采样范围　　　　(b) 由优化路径缩小采样范围　　　　(c) 规划出最优路径

图 3.4　基于通知采样技术的最优路径搜索

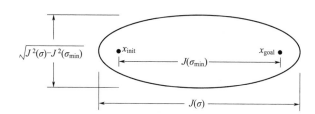

图 3.5　通知采样技术的椭圆形范围

3.4.4　基于动态寻优搜索的高质量路径规划

动态寻优搜索综合了惰性搜索和非惰性搜索的特点，能快速、动态地优化当前路径树以寻找代价值更低的路径，直到规划出最优路径或满足用户要求的高质量路径为止。动态寻优搜索如算法 3.6 所示。

算法 3.6　　DynamicOptimalSearch(V_{i-1}, T)

1　　　$V_{\mathrm{p}} \leftarrow \mathrm{Prune}(V_{i-1}, \mathrm{Cost}_T(x_{\mathrm{goal}}))$; $\quad n \leftarrow \dfrac{1}{2} \times \mathrm{Size}(V_{\mathrm{p}})$

2　　　$V_i \leftarrow V_{\mathrm{p}} \cup \mathrm{InformedSampleFree}(n, \mathrm{Cost}_T(x_{\mathrm{goal}}))$

3　　　$V_{\mathrm{unvisited}} \leftarrow \mathrm{UnconnectSamples}(V_i)$

4　　　$\{V_{\mathrm{open}}, V_{\mathrm{closed}}, T, z, N_z\} \leftarrow \mathrm{Initialize}(V_i, V_{\mathrm{unvisited}}, E)$

5	**while** $V_{\text{open}} \neq \varnothing$ **do**
6	$\{z,T\} \leftarrow \text{ExpandTree}(z)$; $\sigma \leftarrow \text{Path}(x_{\text{goal}},T)$
7	**return** σ

1	**function** Prune $(V_{i-1}, \text{Cost}_T(x_{\text{goal}}))$
2	$V_{\text{p}} \leftarrow \varnothing$
3	**for** $v \in V_{i-1}$ **do**
4	**if** $\text{Cost}_{\text{ig}}(v) \leqslant \text{Cost}_T(x_{\text{goal}})$ **then** $V_{\text{p}} \leftarrow V_{\text{p}} \cup \{v\}$
5	**return** V_{p}

算法 3.7	RewireConnection(x, Y_{near})
1	$H_{\text{near}} \leftarrow \varnothing$
2	**for** $y \in Y_{\text{near}}$ **do**
3	**if** $T.\text{parent}(y) \neq T.\text{parent}(x)$ **then**
4	$H_{\text{near}} \leftarrow H_{\text{near}} \cup \{y\}$
5	**for** $h \in H_{\text{near}}$ **do**
6	**if** $\text{Cost}_T(x) + \text{Cost}(x,h) < \text{Cost}_T(h)$ **then**
7	**if** $\text{CollisionFree}(x,h)$ **then**
8	$T.\text{parent}(h) \leftarrow x$; $\text{UpdateChildCosts}(h)$
9	**return** T

介绍动态寻优搜索之前，先说明一些新函数。剪枝函数 $\text{Prune}(V_{i-1}, \text{Cost}_T(x_{\text{goal}}))$ 借鉴了通知采样技术中的思路，由当前规划路径代价值 $\text{Cost}_T(x_{\text{goal}})$ 确定位形空间点集 V_{i-1} 中椭圆形搜索范围，删减椭圆形搜索范围外的所有采样点、节点和连接。椭圆形搜索范围满足如下不等关系：

$$\left\|x - x_{\text{init}}\right\| + \left\|x - x_{\text{goal}}\right\| \leqslant J\left(\sigma_{i-1}\right) \tag{3.10}$$

函数 $\text{Cost}_{\text{ig}}(v)$ 可计算 $\left\|x - x_{\text{init}}\right\| + \left\|x - x_{\text{goal}}\right\|$，忽略所有障碍物，直接求 x 到达起点和目标点的代价值之和。当前路径代价值 $J\left(\sigma_{i-1}\right)$ 由函数 $\text{Cost}_T\left(x_{\text{goal}}\right)$ 计算得到。通知采样函数 InformedSampleFree($n, \text{Cost}_T(x_{\text{goal}})$) 在椭圆形搜索范围内随机采样 n 个点，其椭圆形搜索范围依然满足式（3.10）。V_i 内未连接到树上的采样点由函数 UnconnectNodes(V_i) 添加到未访问采样点集 $V_{\text{unvisited}}$。

IAFMT* 方法中动态寻优搜索的单次迭代过程如算法 3.6 和图 3.6 所示。当 IAFMT* 方法完成第 $i-1$ 次循环后，算法已生成一棵路径树，并规划出一条可行路径，位形空间点集 V_{i-1} 中仅有封闭节点和未访问节点，开放节点集合 V_{open} 为空，如图 3.6（a）所示。函数 Prune($V_{i-1}, \text{Cost}_T(x_{\text{goal}})$) 和函数 InformedSampleFree($n, \text{Cost}_T(x_{\text{goal}})$) 配合使用可在确定的椭圆形搜索范围内进行通知采样，如图 3.7（a）所示。执行完函数 UnconnectNodes(V_i)，当前未访问采样点集 $V_{\text{unvisited}}$ 包含第 i 次循环中的新添加采样点和第 $i-1$ 次循环中的原有采样点。相关变量被重新初始化，如算法 3.6 第 4 行所示，需要注意的是，所有封闭节点被转换为开放节点，如图 3.6（b）所示。动态寻优搜索从起点开始向外对现有路径树进行扩展和优化，并实时返回优化后的规划路径 σ，如算法 3.6 第 5 ～ 7 行所示。IAFMT* 方法不断重复动态寻优搜索，最终输出最优规划路径或高质量规划路径，如图 3.7（b）所示。

当函数 ExpandTree(z) 在动态寻优搜索阶段运行时，除执行惰性动态规划搜索外，还会同时执行非惰性的动态修正函数，如算法 3.4 第 9 行函数 RewireConnection(x, Y_{near}) 和算法 3.7 所示。图 3.6（b）、（c）中，IAFMT* 方法利用惰性动态规划搜索将 x 连接到路径树上，再对其临近开放节点 $h \in H_{\text{near}}$ 的连接进行动态修正使之成为最优连接。为了提高动

态修正的效率，只选取所有与 x 节点具有不同父节点的临近开放节点 h
进行动态修正，优化后的路径树如图 3.6（d）所示。

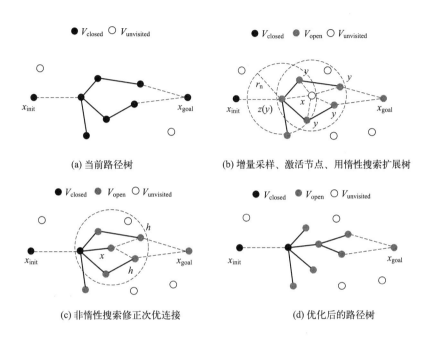

(a) 当前路径树　　　　　(b) 增量采样、激活节点、用惰性搜索扩展树

(c) 非惰性搜索修正次优连接　　　　(d) 优化后的路径树

图 3.6　动态寻优搜索的单次迭代过程

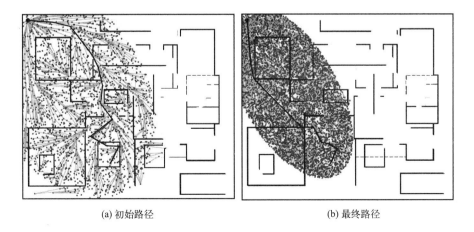

(a) 初始路径　　　　　　(b) 最终路径

图 3.7　基于动态寻优搜索的路径规划

3.4.5   路径规划中次优连接的产生与修正

IAFMT* 方法是一种渐进最优随机采样方法，该方法基于 FMT* 方法的惰性动态规划搜索而建立。因此，有必要讨论惰性动态规划搜索技术在路径规划过程中产生次优连接的情况。惰性动态规划搜索技术在无障碍位形空间中可规划出最优连接，但是这种理想状态在实际应用中很少出现，绝大多数情况下，惰性动态规划搜索需要在充满障碍物的空间中规划出一条高质量的路径。如图 3.8（a）所示，在同时满足如下四个条件时，惰性动态规划搜索会产生次优连接。

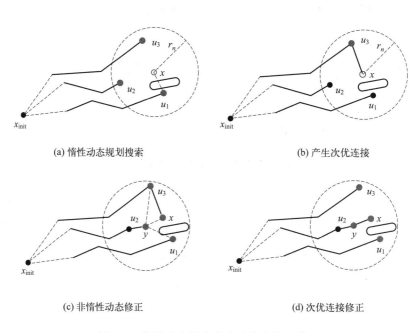

图 3.8　惰性动态搜索产生次优连接及修正

① 开放节点 u_1、u_2、u_3 在 x 的搜索半径 r_n 范围内。

② 开放节点 u_1、u_2、u_3 代价值的大小关系为：

$$\text{Cost}_T(u_2) < \text{Cost}_T(u_1) < \text{Cost}_T(u_3) \tag{3.11}$$

③ 采样点 x 连接到开放节点 u_2 后的最短路径代价值满足：

$$\begin{cases} \text{Cost}_T(u_1) + \text{Cost}(x, u_1) < \text{Cost}_T(u_2) + \text{Cost}(x, u_2) \\ \text{Cost}_T(u_1) + \text{Cost}(x, u_1) < \text{Cost}_T(u_3) + \text{Cost}(x, u_3) \end{cases} \tag{3.12}$$

④ 采样点 x 与开放节点 u_1 之间存在障碍，无法成功连接。

在上述情况下，最优连接无法在采样点 x 与开放节点 u_2 之间形成。由于采用忽略障碍物的惰性搜索策略，且有式（3.12），所以 x 会最先尝试连接 u_1，碰撞检测失败后，x 被跳过，进行下次算法迭代。满足式（3.11）的 u_1 和 u_2 先尝试连接 x 失败而被转为封闭节点，后续迭代中不再考虑连接其他点，故 x 会连接到 u_3，产生次优连接，如图 3.8（b）所示。

在动态寻优搜索阶段，IAFMT* 采用通知采样技术在椭圆形搜索范围内增量采样，如图 3.8（c）所示。新增采样点 y 以最优的方式连接到 u_2，再对搜索半径 r_n 范围内所有与 y 有不同父节点的开放节点 x、u_1、u_2 尝试进行次优连接修正，修正后的连接如图 3.8（d）所示。

基于单点采样的增量搜索会产生另一种次优连接。如图 3.9（a）所示，新增单采样点 h_5 以非惰性的方式尝试连接搜索半径内的封闭节点 h_4、h_1、h_2，使其成功连接到路径树上后具有最低代价值。为追求计算效率，尽快找到初始解，该采样点仅以最优方式连接到附近节点，该点成功连接后可能令周围节点间连接成为次优连接，从而令路径树上存在大量次优连接。此种次优连接依然可由动态寻优搜索进行修正，如图 3.9（b）和（c）所示，新增批量采样点 x_1 和 x_2 以最优方式连接到开放节点 h_5，再优化周围开放节点 h_1、h_2、h_3 的相关连接，修正次优连接。

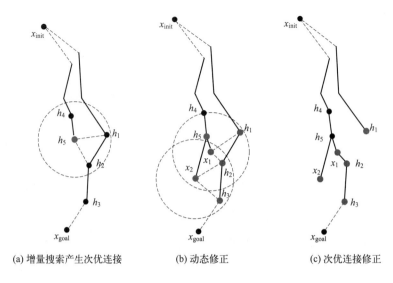

(a) 增量搜索产生次优连接   (b) 动态修正   (c) 次优连接修正

图 3.9　基于单点采样的增量搜索产生次优连接及修正

综上所述，IAFMT* 方法在混合增量搜索阶段可能产生两种次优连接。这是为更高效计算初始可行路径而做出的让步。在动态寻优搜索阶段，IAFMT* 方法更侧重于规划质量，同时兼顾规划效率。在椭圆形搜索范围内，IAFMT* 方法不断动态修正次优连接，逐渐降低路径树的整体代价值，逐步优化可行路径为高质量路径甚至为最优路径。

3.5　IAFMT* 方法的性能分析

Lucas Janson 等人 [105] 已经分析证明了 FMT* 方法的渐进最优性，并给出算法复杂度。本节将对 IAFMT* 方法的概率完备性、渐进最优性和算法复杂度进行分析和论证。

3.5.1　概率完备性

对于任意一个存在解的路径规划问题 $\left\{ \mathcal{X}_{\text{goal}}, x_{\text{init}}, x_{\text{goal}} \right\}$，随着随机采

样点数量 n 趋于无穷多，某一算法规划出一条从起点连接到目标点的可行路径的概率为 1，即：

$$\lim_{n \to \infty} P\Big[\big\{x_{\text{goal}} \in V_i \cap x_{\text{goal}} \text{ in } T\big\}\Big] = 1 \tag{3.13}$$

则称该算法具有概率完备性[143]。

IFAMT* 方法通过混合增量搜索算法 HybridIncrementalSearch(·)（见 3.4.2 节）寻找位形空间中的可行路径。因此，IAFMT* 方法的概率完备性主要体现为混合增量搜索算法是否能够随着采样点数量趋于无穷大而使其求得可行路径解的概率为 1。从起点到目标点的可行路径可视为有限条首尾相接的连续直线路段，通过探索单条直线路段扩展的概率特性和连续直线路段扩展的概率特性能够证明混合增量搜索算法的概率完备性，即可证明 IAFMT* 方法的概率完备性。

采用混合增量搜索算法进行直线路段扩展的概率特性用如下定理说明。

定理 3.1　$\forall p, x \in \mathcal{X}_{\text{free}}$，令 $Link(p, x)$ 表示连接 p、x 两点间的无碰撞直线，$Link(p, x)$ 的长为 L，且与位形空间中障碍物的最短距离为 δ_n。假设混合增量搜索算法的单步搜索半径为 $r_n > 0$，令 $s_n = \min(\delta_n, r_n)$，以 x 点为球心、$s_n / 4$ 为半径的超球体体积为 $\mu(B_{s_n/4}(x)) = v$。在位形空间 $\mathcal{X}$ 中均布随机采样 n 个位形点，$\forall \gamma \in \mathbb{R}(0 < \gamma < 1)$，若：

$$n \geq (m+2)\ln\big[(m+2)/\gamma\big]\mu(\mathcal{X})/v$$

其中，$m = [2L/s_n] + 1$，$[\cdot]$ 运算为实数向下取整。那么采用混合增量搜索算法寻找到一条连接 p、x 两点的可行路径解的概率至少为 $1 - \gamma$。

证明

如图 3.10 所示，以 $Link(p, x)$ 为中心线，L、$2\delta_n$ 为长、宽，建立矩形通行区域。在 $Link(p, x)$ 上等距离取 $m = [2L/s_n] + 1$ 个点，计入 p、x 两点，

则 $Link(p,x)$ 上共 $m+2$ 个点，表示为：$\{c_0=p,c_1,\cdots,c_i,c_{i+1},\cdots,c_m,c_{m+1}=x\}$，且满足如下约束关系：

$$\|c_{i+1}-c_i\|\leqslant\frac{s_n}{2} \tag{3.14}$$

在位形空间 $\mathcal{X}$ 中，分别以此 $m+2$ 个点为中心、$s_n/4$ 为半径构建超球体，易知 $m+2$ 个超球体的体积均为：

$$\mu(B_{s_n/4}(c_i))=v(0\leqslant i\leqslant m+1) \tag{3.15}$$

若位形空间中随机采样点数量足够多，使每个超球体内至少有 1 个采样点，则混合增量搜索算法总能规划出一条可行路径。以下为证明。

参照图 3.10，由 $\|x_{i+1}-c_{i+1}\|\leqslant s_n/4$、$\|x_i-c_i\|\leqslant s_n/4$、式（3.15）和三角不等关系可得：

$$\begin{aligned}\|x_{i+1}-x_i\|&\leqslant\|x_{i+1}-c_{i+1}\|+\|c_{i+1}-x_i\|\\&\leqslant\|x_{i+1}-c_{i+1}\|+\|c_{i+1}-c_i\|+\|c_i-x_i\|\\&\leqslant s_n\end{aligned} \tag{3.16}$$

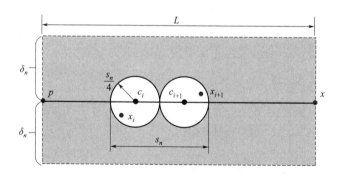

图 3.10　直线路段扩展证明图示

根据混合增量搜索算法的扩展规则，对于每个随机采样点而言，若该采样点的半径 r_n 范围内有树节点，则采样点会作为新节点添加到树上，并保证自身的代价值最低。又因为 $s_n \leqslant r_n$，所以两位形点 p、x 可以通过混合增量搜索算法进行连接。

　　混合增量搜索算法通过基于批量采样点（固定数量）的搜索函数 ExpandTree($\cdot$) 和基于单采样点的搜索函数 InsertNode($\cdot$) 来构建和扩展树，所以在算法进行扩展时会遇到两种情况。

　　① 在全局范围内均布随机采样 n^1 次，并且在上述 $m+2$ 个超球体内部至少包含 1 个采样点，则用搜索函数 ExpandTree($\cdot$) 能成功连接位形点 p、x。因此，在位形空间 $\mathcal{X}$ 中，平均进行 $n_{\mathrm{avg}}^1 = \left[n^1 / (m+2) \right]$ 次均布随机采样可令 1 个超球体中包含采样点。

　　② 先在位形空间 $\mathcal{X}$ 中均布随机采样 n_{e}^2 个点，在 $m+2$ 个超球体中仅有 g 个超球体内部含有采样点，则平均进行 $n_{\mathrm{e,avg}}^2 = [n_{\mathrm{e}}^2 / g]$ 次均布随机采样可令 1 个超球体内包含采样点。搜索函数 ExpandTree($\cdot$) 从起点 p 构建搜索树，并令树进入连续的前 $h(h \leqslant g)$ 个超球体内。由于第 $h+1$ 个超球体 $B_{s_n/4}(c_{h+1})$ 内无采样点，所以搜索函数 ExpandTree($\cdot$) 无法继续扩展。此时，混合增量搜索算法采用搜索函数 InsertNode($\cdot$) 来不断增量地随机采样以扩展树，直到第 $n_{\mathrm{i},h+1}^2$ 个采样点落到超球体 $B_{s_n/4}(c_{h+1})$ 内并完成树的扩展为止。若第 $h+2$ 个超球体 $B_{s_n/4}(c_{h+2})$ 内有采样点，则用搜索函数 ExpandTree($\cdot$) 扩展树，否则继续使用搜索函数 InsertNode($\cdot$) 扩展树……如此循环继续，最终使树进入位形点 x 所在的第 $m+1$ 超球体 $B_{s_n/4}(c_{m+1})$ 内。

　　不失一般性，假设搜索函数 InsertNode($\cdot$) 令树进入第 j 个超球体 $B_{s_n/4}(c_{h+2})$ 时所进行的增量随机采样次数 $n_{\mathrm{i},j}^2$ 最多，搜索函数 InsertNode($\cdot$) 令树进入其他超球体内的采样次数也为 $n_{\mathrm{i},j}^2$。如果保证每个超球体内部至少有一个位形点，所需的均布随机采样次数为 $n_s = \max \left\{ n_{\mathrm{avg}}^1, n_{\mathrm{e,avg}}^2, n_{\mathrm{i},j}^2 \right\}$，则总采样点数量为：

$$n = (m + 2) \times n_s \tag{3.17}$$

在全局范围内均布随机采样，采样点落入第 i 个超球体 $B_{s_n/4}(c_i)$ 内部的事件记为 A_i；反之，记为 $\overline{A_i}$，则发生 A_i 的概率为：

$$\mathrm{P}(A_i) = \mu\left(B_{s_n/4}(x_i)\right) / \mu(\mathcal{X}) = v / \mu(\mathcal{X}) \tag{3.18}$$

重复进行 t 次独立均布随机采样实验，即为 t 重贝努利实验。超球体 $B_{s_n/4}(c_i)$ 中发生 A_i 的次数 X_i 服从二项分布：

$$\mathrm{P}(X_i = k) = C_t^k \left(\frac{v}{\mu(\mathcal{X})}\right)^k \left(1 - \frac{v}{\mu(\mathcal{X})}\right)^{t-k}, k = 0, 1, \cdots, t \tag{3.19}$$

令事件 θ_i 表示事件 A_i 至少发生一次，即第 i 个超球体 $B_{s_n/4}(c_i)$ 内至少有 1 个随机采样点，并且能被添加到搜索树上；反之，记为 $\overline{\theta_i}$。事件 θ_i 的发生有两种情况。

① 事件 θ_{i-1} 发生，x_i 作为 x_{i-1} 的子节点添加到搜索树上或将自己添加到其他树节点上，其目的是使 x_i 添加到树上后的代价值最低；

② 事件 $\overline{\theta_{i-1}}$ 发生，x_i 寻找其他父节点，并添加到搜索树上令自身代价值最低。

由全概率公式可计算发生事件 $\overline{\theta_i}$ 的概率：

$$\begin{aligned} \mathrm{P}(\overline{\theta_i}) &= \mathrm{P}(\overline{\theta_i} \mid \overline{\theta_{i-1}})\mathrm{P}(\overline{\theta_{i-1}}) + \mathrm{P}(\overline{\theta_i} \mid \theta_{i-1})\mathrm{P}(\theta_{i-1}) \\ &\leqslant \mathrm{P}(\overline{\theta_{i-1}}) + \mathrm{P}(\overline{\theta_i} \mid \theta_{i-1}) \end{aligned} \tag{3.20}$$

当事件 θ_{i-1} 发生，并进行 n_s 重贝努利实验后，事件 $\overline{\theta_{i-1}}$ 发生，即第 i 个超球体内无采样点，则其概率用 $\mathrm{P}(\overline{\theta_i} \mid \theta_{i-1})$ 表示：

$$\mathrm{P}(\overline{\theta_i} \mid \theta_{i-1}) = \left(1 - \frac{v}{\mu(\mathcal{X})}\right)^{n_s} \tag{3.21}$$

将式（3.21）代入式（3.20）中，得：

$$P(\bar{\theta}_i) \leqslant P(\bar{\theta}_{i-1}) + \left(1 - \frac{v}{\mu(\mathcal{X})}\right)^{n_s} \tag{3.22}$$

由式（3.22），利用递推法从第 $m+1$ 个超球体 $B_{s_n/4}(c_{m+1})$ 反向递推至第 0 个超球体 $B_{s_n/4}(c_0)$，推导出：

$$P(\bar{\theta}_{m+1}) \leqslant \sum_{i=0}^{m+1} \left(1 - \frac{v}{\mu(\mathcal{X})}\right)^{n_s} = (m+2)\left(1 - \frac{v}{\mu(\mathcal{X})}\right)^{n_s} \tag{3.23}$$

注意到 $\forall y \in \mathbb{R}$，有 $1 - y \leqslant e^{-y}$，代入式（3.17）到式（3.23）中，可得：

$$\begin{aligned} P(\bar{\theta}_{m+1}) &\leqslant (m+2) \times e^{-\frac{v}{\mu(\mathcal{X})}n_s} \\ &\leqslant (m+2) \times e^{-\frac{nv}{[\mu(\mathcal{X})(m+2)]}} \end{aligned} \tag{3.24}$$

若 $\forall \gamma \in \mathbb{R}$（$0 < \gamma < 1$），且令上式右边 $(m+2) \times e^{-\frac{nv}{[\mu(\mathcal{X})(m+2)]}} \leqslant \gamma$，推导出：

$$n \geqslant (m+2)\mu(\mathcal{X})\ln\left[(m+2)/\gamma\right]/v \tag{3.25}$$

所以，当均布随机采样点数量 n 满足式（3.24）时，可得：

$$P(\bar{\theta}_{m+1}) \leqslant \gamma \tag{3.26}$$

因此，事件 θ_{m+1} 发生的概率为：

$$P(\theta_{m+1}) \geqslant 1 - \gamma \tag{3.27}$$

若事件 θ_{m+1} 发生，则有采样点 x_{m+1} 落到最后一个超球体内，并能作为新节点连接到搜索树上，此树节点 x_{m+1} 与目标点 x 之间有如下关系：

$$\|x - x_{m+1}\| \leqslant s_n \leqslant r_n \tag{3.28}$$

由式（3.28）可知，在混合增量搜索算法的搜索半径 r_n 内，目标点 x 一定能够连接到搜索树上，并返回一条可行路径。因此，对于两个互相可视的位形点 p、x，用混合增量搜索算法进行直线路段扩展能够返回一条无碰撞路径的概率至少是 $1-\gamma$。

证毕。

由式（3.25）可知，$n \propto \ln\gamma^{-1} \Rightarrow \gamma \propto \mathrm{e}^{-n}$，即混合增量搜索算法在进行直线路段扩展中无法返回一条无碰撞路径的概率随着采样点数量 n 的增加而呈现出指数级递减的趋势。因此，混合增量搜索算法能够在高维位形空间内快速寻找到一条可行路径来连接两个可互视的位形点。

混合增量搜索算法的概率完备性推论如下：

推论 3.1　混合增量搜索算法是概率完备的，即：若位形空间中存在一条可行路径连接起始位形点 x_{init} 和目标位形点 x_{goal}，则随着均布随机采样点数量 n 趋于无穷，混合增量搜索算法返回一条可行路径的概率收敛到 1。

证明

假设起始位形点 x_{init} 和目标位形点 x_{goal} 之间存在一条可行路径，而

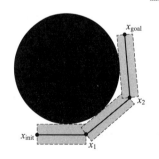

一条连接两个不可互视位形点 x_{init} 和 x_{goal} 的无碰撞路径可由多个连续直线路段首尾相接而成，如图 3.11 所示。令 $\beta_i (i=1,2,3)$ 分别表示混合增量搜索算法在 3 对位形点 x_{init} 和 x_1、x_1 和 x_2、x_2 和 x_{goal} 之间找到可行路径的对应事件。

根据定理 3.1，可得：

图 3.11　连续直线路段扩展证明图示

$$\mathrm{P}(\beta_i) \geqslant 1 - \gamma_i, i = 1,2,3 \tag{3.29}$$

其中，γ_i 表示事件 β_i 不发生的概率。

令混合增量搜索算法成功返回一条连接 x_{init} 和 x_{goal} 的无碰撞路径所对应的事件用 ϑ 表示，则发生事件 ϑ 的概率为：

$$P(\vartheta) = P(\beta_3)P(\beta_2)P(\beta_1) \geqslant (1-\gamma_3)(1-\gamma_2)(1-\gamma_1) \qquad (3.30)$$

由定理 3.1，$n \propto \ln \gamma^{-1}$，可导出：

$$\gamma_i \propto \mathrm{e}^{-n} \Rightarrow \lim_{n \to \infty} \gamma_i = \lim_{n \to \infty} \mathrm{e}^{-n} = 0, i = 1, 2, 3 \qquad (3.31)$$

所以，当随机采样点数量 n 趋于无穷时，可由式（3.30）得到：

$$\lim_{n \to \infty} P(\vartheta) \geqslant \lim_{n \to \infty} \left((1-\gamma_3)(1-\gamma_2)(1-\gamma_1) \right) = 1 \qquad (3.32)$$

由于 $P(\vartheta) \leqslant 1$，易得：

$$\lim_{n \to \infty} P(\vartheta) = 1 \qquad (3.33)$$

证毕。

IAFMT* 方法在寻找初始可行路径的过程中应用混合增量搜索算法。因此，由推论 3.1 可进一步得到如下推论：

推论 3.2 IAFMT* 方法是概率完备的，即：若位形空间中存在一条可行路径连接起始位形点 x_{init} 和目标位形点 x_{goal}，则随着均布随机采样点数量 n 趋于无穷，IAFMT* 方法返回一条可行路径的概率收敛到 1。

3.5.2　渐进最优性

对于任意一个存在最优解的路径规划问题，随着采样点数量趋近于无穷，即 $n \to \infty$，某一随机采样方法将规划路径 σ 逐渐改进、收敛到最优路径 σ^* 的概率为 1，可称该方法具有渐进最优性 [104]。

IAFMT* 方法在寻找到可行路径 σ^T 后会使用动态寻优搜索算法

DynamicOptimalSearch(•)（见 3.4.4 节）缩小最优解搜索范围，同时批量增量采样，不断改进路径 σ^T，令其代价值逐渐降低，趋于最优路径 σ^*。因此，若要证明 IAFMT* 方法的渐进最优性可从证明动态寻优搜索算法的渐进最优性入手。

引理 3.1　假设位形空间内一条可行路径 σ^T 的代价值为 $J(\sigma^T)$，令动态寻优搜索算法的搜索半径 $r_n > 0$，基于路径 σ^T 的超椭球用 $E(\sigma^T)$ 表示，动态寻优搜索算法基于上述条件给出路径 σ^g，路径 σ^g 的代价值用 $J(\sigma^g)$ 表示，当超椭球 $E(\sigma^T)$ 内的均布批量增量采样点数量 $n \to \infty$ 时，则对于任意常数 $\varepsilon > 0$ 有：

$$P(J(\sigma^T) > (1+\varepsilon)J(\sigma^g)) = 0$$

证明

如图 3.12 所示，在位形空间 $\mathcal{X}$ 中，已知起点 x_{init}、目标点 x_{goal}，给定一棵搜索树和树上一条可行路径 $\sigma^T : [0,1] \to \mathcal{X}_{\text{free}}$，其代价值为 $J(\sigma^T)$，采用 3.4.3 节通知采样技术建立超椭球 $E(\sigma^T)$。由文献 [142] 可知，超椭球 $E(\sigma^T)$ 内存在代价值更低的可行路径和最优路径。因此，动态寻优搜索算法删除所有超椭球 $E(\sigma^T)$ 外的采样点、树上节点、树上枝干，仅在超椭球 $E(\sigma^T)$ 内进行均布批量增量采样，并扩展和优化剪裁后的搜索树，进而返回一条代价值为 $J(\sigma^g)$ 的可行路径 σ^g，并构建一个超椭球 $E(\sigma^g)$。

在动态寻优搜索算法生成路径 σ^g 的过程中，可能出现两种情况：

① 若均布批量增量采样点数量 n 不足，则动态寻优搜索算法无法改进现有路径 σ^T，即无法找到满足 $J(\sigma^g) < J(\sigma^T)$ 条件的路径 σ^g。算法达到终止条件后返回的路径 $\sigma^g = \sigma^T$，其代价值为：

$$J(\sigma^g) = J(\sigma^T) \tag{3.34}$$

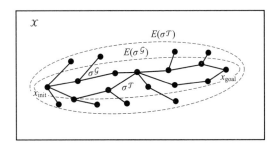

图 3.12　引理证明图示

② 若均布批量增量采样点数量 n 足够多，则动态寻优搜索算法能够改进现有路径 σ^T，即找到路径 σ^G，其代价值满足：

$$J(\sigma^G)<J(\sigma^T) \tag{3.35}$$

因此，由动态寻优搜索算法通过改进路径 σ^T 而生成的路径 σ^G 满足如下不等式：

$$J(\sigma^G)\leqslant J(\sigma^T) \tag{3.36}$$

超椭球 $E(\sigma^T)$ 的体积 $V(\sigma^T)$ 与超椭球 $E(\sigma^G)$ 的体积 $V(\sigma^G)$ 之间满足如下关系：

$$V(\sigma^G)\leqslant V(\sigma^T) \tag{3.37}$$

由式（3.36）、式（3.37）可知，动态寻优搜索算法能在基于给定路径的超椭球内找到一条比给定路径代价值更低的可行路径。若将 σ^T 视为一条逐渐逼近路径 σ^G 的规划路径，由文献 [105]、文献 [142] 和动态寻优搜索算法的特性可知，当超椭球 $E(\sigma^T)$ 内的采样点数量 $n\to\infty$ 时，则对于任意 $\rho>0$ 有：

$$\lim_{n\to\infty}\mathrm{P}\left(V\left(\sigma^T\right)>(1+\rho)V\left(\sigma^G\right)\right)=\lim_{n\to\infty}O\left(n^{-\frac{\eta}{d}}\lg^{-\frac{1}{d}}n\right)=0 \tag{3.38}$$

其中，$\eta \geqslant 0$。

由式（3.38）可推知，对于任意常数 $\varepsilon > 0$，有：

$$\lim_{n \to \infty} P(J(\sigma^T) > (1+\varepsilon)J(\sigma^{\mathcal{G}})) = 0 \tag{3.39}$$

证毕。

当批量采样点数量 n 足够多时，动态寻优搜索算法在位形空间内逐步改善当前路径到最优路径的过程可视为一条可行规划路径 σ^T 逐渐逼近最优路径 σ^* 的过程。动态寻优搜索算法的渐进最优性定理如下：

定理 3.2 假设一条可行路径 $\sigma^T : [0,1] \mapsto \mathcal{X}_{\text{free}}$ 连接起点 x_{init} 和目标点 x_{goal}，基于路径 σ^T 的超椭球用 $E(\sigma^T)$ 表示。此外，在位形空间内还存在一条最优路径 $\sigma^* : [0,1] \mapsto \mathcal{X}_{\text{free}}$，其代价值为 $J(\sigma^*)$。若超椭球 $E(\sigma^T)$ 内的均布批量增量采样点数量 $n \to \infty$，则由动态寻优搜索算法优化后的可行路径 $\sigma^{\mathcal{G}}$ 收敛于最优路径 σ^*。特别的，对于任意常数 $\varepsilon > 0$，有：

$$\lim_{n \to \infty} P\left(J\left(\sigma^{\mathcal{G}}\right) > (1+\varepsilon)J\left(\sigma^*\right)\right) = 0$$

证明

假设由动态寻优算法生成一条逼近最优路径 σ^* 的可行路径 σ，其代价值关系为：

$$J(\sigma) > (1+\varepsilon/3)J\left(\sigma^*\right) \tag{3.40}$$

显然，对于任意 $\varepsilon > 0$，有如下不等式：

$$(1+\varepsilon/3)J(\sigma) > (1+\varepsilon/3)^2 J\left(\sigma^*\right) \tag{3.41}$$

已知一条可行路径 $\sigma^T : [0,1] \mapsto \mathcal{X}_{\text{free}}$ 连接起点 x_{init} 和目标点 x_{goal}，基于

路径 σ^T 的超椭球用 $E(\sigma^T)$ 表示。当超椭球 $E(\sigma^T)$ 内的均布批量增量采样点数量 n 足够多时,动态寻优搜索算法可生成一条与路径 σ 近似的可行路径 σ^g,由此可推导出如下不等式:

$$\mathrm{P}\left(J\left(\sigma^g\right)>\left(1+\frac{\varepsilon}{3}\right)^2 J\left(\sigma^*\right)\right)<\mathrm{P}\left(J\left(\sigma^g\right)>(1+\varepsilon/3)J(\sigma)\right) \quad (3.42)$$

由于路径 σ^g 近似路径 σ,可得两条路径所对应的超椭球体积间的不等关系:

$$V(\sigma)\leqslant V\left(\sigma^g\right) \quad (3.43)$$

所以,当超椭球 $E\left(\sigma^g\right)$ 内的均布批量增量采样点数量 $m\to\infty$ 时,根据引理 3.1 易得:

$$\mathrm{P}\left(J\left(\sigma^g\right)>(1+\varepsilon/3)J(\sigma)\right)=0 \quad (3.44)$$

令路径 σ^g 逼近最优路径 σ^*,对于任意 $\eta\geqslant 0$,结合式(3.42)和式(3.44),可得下式:

$$\lim_{n\to\infty}\mathrm{P}\left(J\left(\sigma^g\right)>(1+\varepsilon/3)^2 J\left(\sigma^*\right)\right)<0 \quad (3.45)$$

若 $\varepsilon\leqslant 3$,可得不等式:

$$(1+\varepsilon/3)^2\leqslant(1+\varepsilon) \quad (3.46)$$

则有:

$$\left\{J\left(\sigma^g\right)>(1+\varepsilon)J\left(\sigma^*\right)\right\}\subset\left\{J\left(\sigma^g\right)>(1+\varepsilon/3)^2 J\left(\sigma^*\right)\right\} \quad (3.47)$$

因此,可推导出:

$$\lim_{n\to\infty} P\left(J\left(\sigma^{\mathcal{G}}\right) > (1+\varepsilon) J\left(\sigma^{*}\right)\right) \leqslant \lim_{n\to\infty} P\left(J\left(\sigma^{\mathcal{G}}\right) > (1+\varepsilon/3)^{2} J\left(\sigma^{*}\right)\right) = 0$$

(3.48)

因为该概率值关于 ε 单调递减，所以当 $\varepsilon > 3$ 时，上式依然成立。由此可证动态寻优搜索算法的渐进最优性。

证毕。

由推论 3.2 和定理 3.2 可知，IAFMT* 方法利用混合增量搜索算法获取一条可行路径 σ，再通过动态寻优搜索算法不断改进可行路径 σ，使之逐渐收敛于最优路径 σ^{*}。因此，不难得到如下推论。

推论 3.3 IAFMT* 方法具有渐进最优性，即若位形空间中存在一条连接起始位形点 x_{init} 和目标位形点 x_{goal} 的最优路径，则当均布随机采样点数量 $n\to\infty$，则 IAFMT* 方法输出一条可行路径并收敛到最优路径的概率为 1。

3.5.3 算法复杂度

算法复杂度用于衡量算法在编写成可执行程序后，运行时所需要的时间资源和内存资源。因此，对一个算法的分析和评价主要从时间复杂度（Time complexity）和空间复杂度（Space complexity）两方面来考虑。时间复杂度和空间复杂度分别指算法在计算机内执行时，其运行时间和存储空间的度量，常用渐近上界记号 O 表示。渐近上界的定义为：设 $f(n)$ 和 $g(n)$ 是定义域为自然数集 N 上的函数，若存在正数 c 和 n_0，使得对一切 $n \geqslant n_0$ 都有：

$$0 \leqslant f(n) \leqslant cg(n)$$

(3.49)

则称 $f(n)$ 的渐近上界是 $g(n)$，记作 $f(n) = O(g(n))$。表 3.1 总结了几

种路径规划方法的算法复杂度。

表 3.1 算法复杂度

算法	概率完备	渐进最优	任意时间技术	时间复杂度	空间复杂度
Informed RRT*	是	是	是	$O(n\lg n)$	$O(n)$
PRM*	是	是	是	$O(n\lg n)$	$O(n\lg n)$
FMT*	是	是	否	$O(n\lg n)$	$O(n\lg n)$
IAFMT*	是	是	是	$O(n\lg n)$	$O(n\lg n)$

IAFMT* 方法的时间复杂度可记为 $\mathrm{TC}_n^{\mathrm{IAFMT}^*}$，表示 IAFMT* 算法在迭代 n 次的过程中调用最耗时函数的次数。回顾算法 3.4，第 2 行至第 8 行的时间复杂度为 $O(\lg n)$，函数 RewireConnection(·) 修正一个节点次优连接的时间复杂度为 $O(\lg n)$，所以函数 ExpandTree(·) 被执行一次需要占用 $O(\lg n)$ 时间。同理，函数 InsertNode(·) 也占用 $O(\lg n)$ 时间。函数 HybridIncrementalSearch(·) 和函数 DynamicOptimalSearch(·) 的时间复杂度为 $O(\lg n)$。因此，IAFMT* 方法遍历 n 个采样点的时间复杂度为 $O(n\lg n)$，即

$$\mathrm{TC}_n^{\mathrm{IAFMT}^*} \in O\left(n\lg n\right) \tag{3.50}$$

IAFMT* 方法的空间复杂度简记为 $\mathrm{SC}_n^{\mathrm{IAFMT}^*}$，表示算法迭代 n 次所占用的计算机存储空间。IAFMT* 算法中 V_i、V_u、V_op、V_c、V_p、E、T 的空间复杂度为 $O(n)$。对于单个节点而言，N_x、N_z、X_near、Y_near、H_near、W_near 占用 $O(\lg n)$ 存储空间。因此，为最多 n 个节点存储这些变量时，计算机需要 $O(n\lg n)$ 存储空间，即 IAFMT* 方法的空间复杂度为：

$$\mathrm{SC}_n^{\mathrm{IAFMT}^*} \in O\left(n\lg n\right) \tag{3.51}$$

综上所述，IAFMT* 方法对计算资源和存储资源有较高的利用效率。

3.6　实验与分析

本节通过基于开源运动规划库 [144]（Open Motion Planning Library，OMPL）的性能测试实验和机械臂仿真实验对 IAFMT* 方法的有效性、稳定性和自适应性进行测试和验证。对比实验采用目前认可度较高的三种渐进最优方法，即 Informed RRT* 方法 [142]、PRM* 方法 [104] 和 FMT* 方法 [105]。为了便于表示，在以下图表中用 I-RRT* 表示 Informed RRT* 方法。

3.6.1　性能测试实验设置

为了评估 IAFMT* 方法，本书在 OMPL v1.40 中进行性能测试实验和对比实验，所有路径规划方法均在主频为 3.7GHz 的 Intel Core i7-8700K 中央处理器和 16GB 内存的平台上被测试。选择 OMPL 中的四个场景对所有方法进行测试，其中包含两个二维场景（Bug Trap 和 Maze）和两个三维场景（Cubicles 和 Apartment），分别对应 3 自由度路径规划问题和 6 自由度路径规划问题，如图 3.13 所示。为了评估所有测试方法在有限规划时间内收敛到高质量解的能力，每个路径规划场景中都设定了规划时间 t_{given} 和代价值阈值 J_{given} 作为终止条件，如表 3.2 所示。设置 Informed RRT* 方法和 PRM* 方法的参数为 OMPL 默认值。FMT* 方法和 IAFMT* 方法的搜索半径为 $r_n = 1.1$。在所有的 4 个性能测试实验中，IAFMT* 方法的初始采样点数 $n = 1000$ 保持不变。

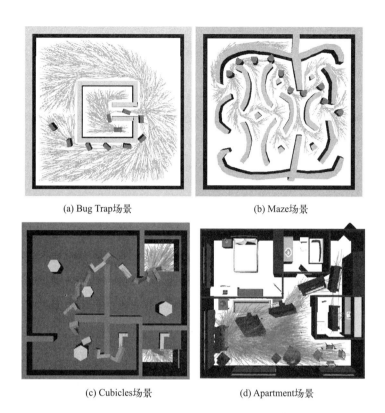

(a) Bug Trap场景　　　　　　　　　　(b) Maze场景

(c) Cubicles场景　　　　　　　　　　(d) Apartment场景

图 3.13　IAFMT* 方法在 OMPL 测试场景中规划出的路径

表 3.2　规划时间和代价值阈值的设定

测试场景	t_{given}/s	J_{given}/mm
Bug Trap	10	130
Maze	10	130
Cubicles	100	1800
Apartment	300	500

　　针对不同的 OMPL 规划场景，本书在实验中为 FMT* 方法设置了一系列的采样点数 n，以便将 FMT* 方法与其他三种基于任意时间技术的渐进最优方法进行比较。在 Bug Trap 场景和 Maze 场景中，FMT* 方

法采样点数 n 的变化范围为 1000 ~ 10000；在 Cubicles 场景中，n 的变化范围为 1000 ~ 50000；在最困难的 Apartment 场景中，n 的变化范围为 1000 ~ 80000。每改变一次 n 值，FMT* 方法重复运行 20 次。Informed RRT* 方法、PRM* 方法和 IAFMT* 方法在每个 OMPL 场景中重复运行 50 次。

3.6.2 性能测试实验结果与讨论

基于 OMPL 的性能测试实验结果如表 3.3 所示，表中 t_{avg} 为算法的平均运行时间，J_{avg} 表示算法输出路径的平均代价值。在算法运行效率方面，由平均运行时间 t_{avg} 可知，IAFMT* 方法和 FMT* 方法明显优于 PRM* 方法和 Informed RRT* 方法。在 Cubicles 场景中，FMT* 方法的平均运行时间少于 IAFMT* 方法，而在其他场景中，IAFMT* 方法则略优于 FMT* 方法。在路径规划质量方面，所有测试方法在 Bug Trap、Maze、Cubicles 场景中的可行解收敛率都达到较高水平，Informed RRT* 方法和 IAFMT* 方法的可行解收敛率均为 100%；在第四个场景中，IAFMT* 方法的可行解收敛率为 100%，高于 PRM* 方法 40%、高于 Informed RRT* 方法 70%、高于 FMT* 方法 13.5%。由平均路径代价值 J_{avg} 知，PRM* 方法在 Cubicles 场景中的平均路径代价值 J_{avg} 为 1914.18mm，高于设定的路径代价阈值 J_{given}=1800mm，且高质量解的收敛率为 0%。这说明 PRM* 方法完全无法收敛到高质量解，而在其余的实验中，所有方法规划出的平均路径代价值 J_{avg} 均低于给定的路径代价阈值 J_{given}，表明所有方法都有一定概率求得高质量解。从算法收敛到高质量解的成功率上看，IAFMT* 方法在 Bug Trap、Maze、Cubicles 场景中的表现与 Informed RRT* 方法相近，这是因为二者都采用了通知采样技术和增量搜索技术，在规划时间较为充足的条件下，都能得到较高的收敛率。在最具有挑战的 Apartment 场景中，给定规划时间为 300s，IAFMT* 方法的平均计算时间仅为 43.69s，且其高质量解收敛率为 100%，比 PRM* 方法高 64%、比 Informed RRT* 方法高 70%、比 FMT* 方法高 20.9%。该场景较为复杂，以 PRM* 方法和 Informed RRT* 方法的求解能力，在给定的规划时间内较难规划出可行路径和高质量路径；FMT* 方法虽然求解能力强，但是采样点数 n 的调试浪费了较多时间，也致使可行解和高质量解的收敛率下降，较差的自适应性限制了 FMT* 的性能和应用范围。IAMFT* 方法通过添加增量搜索技术克服了 FMT* 方法中采样点数 n 对不同规划问题自适应性较差的不足，从而提升可行解的收敛能力，又由动态寻优搜索方法大幅度缩小最优解搜索范围，并减少次优连接的生成，进一步提高了最优解或高质量解的求解速度和收敛能力。上述实验结果表明，对于 IAMFT* 而言，在给定规划时间充足的前提下，所有规划场景中的可行解收敛率和高质量解收敛率均可达到 100%。

表 3.3　算法仿真测试结果

测试场景	算法	t_{avg}/s	J_{avg}/mm	可行解 /%	高质量解 /%
Bug Trap	PRM*	4.53	129.21	98.0	98.0
	I-RRT*	1.40	129.29	100.0	100.0
	FMT*	0.55	127.38	90.0	79.5
	IAFMT*	0.41	128.91	100.0	100.0
Maze	PRM*	3.01	123.84	100.0	90.0
	I-RRT*	3.70	123.25	100.0	98.0
	FMT*	1.09	111.19	100.0	95.0
	IAFMT*	0.99	115.71	100.0	100.0
Cubicles	PRM*	100.11	1914.18	100.0	0.0
	I-RRT*	50.01	1796.74	100.0	98.0
	FMT*	12.13	1794.43	99.6	72.3
	IAFMT*	15.86	1795.66	100.0	100.0

测试场景	算法	t_{avg}/s	J_{avg}/mm	可行解 /%	高质量解 /%
Apartment	PRM*	199.86	497.86	60.0	36.0
	I-RRT*	150.80	419.97	30.0	30.0
	FMT*	59.78	449.10	87.5	79.1
	IAFMT*	43.69	471.78	100.0	100.0

图 3.14 和图 3.15 分别用箱型图直观地表示所有测试算法在各个场景中路径代价值和运行时间的统计信息，其中虚线为设定的代价值阈值 J_{given}。在图 3.14 中，IAFMT* 方法输出的数据值均在阈值 J_{given} 的虚线之下，即所规划路径满足高质量要求。IAFMT* 的数据值在 Maze 场景中距离虚线较远，与 FMT* 方法输出的结果类似，表明 IAFMT* 方法在该场景中所规划的初始路径能满足高质量路径的要求，很好地继承了 FMT* 方法的特性。而在其他三个场景中，IAFMT* 的数据值距离虚线较近，这意味着 IAFMT* 方法能较好地控制所规划路径在设定阈值 J_{given} 附近停止优化迭代，从而节省计算资源。此外，较为集中的数据值也显示出 IAFMT* 方法在路径规划稳定性方面的优势。同样的特点在图 3.15 中也有体现，IAFMT* 方法输出的运行时间数据值相比于其他三种测试方法具有更低、更集中的特点，凸显出 IAFMT* 方法在规划效率和稳定性方面的优势。

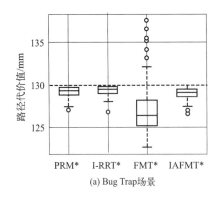

(a) Bug Trap场景

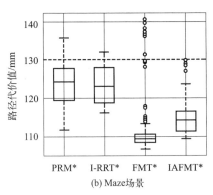

(b) Maze场景

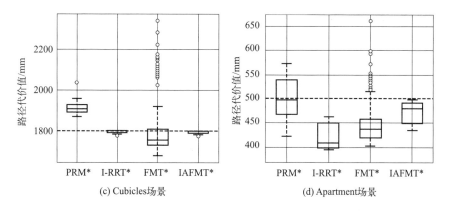

图 3.14　所有测试方法在 OMPL 测试场景中输出的路径代价值

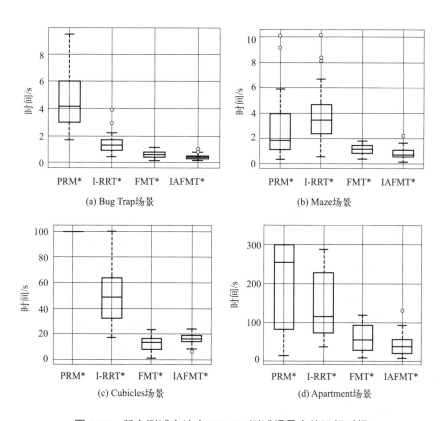

图 3.15　所有测试方法在 OMPL 测试场景中的运行时间

3.6.3 机械臂仿真实验与分析

本节通过仿人服务机器人机械臂仿真实验测试 IAFMT* 方法的性能，依然采用 PRM* 方法、Informed RRT* 方法、FMT* 方法进行对比实验。设置机械臂末端执行器的位置精度为 0.01m，姿态精度为 0.1rad。PRM* 方法和 Informed RRT* 方法的参数设置与上述性能测试实验中相同。FMT* 方法和 IAFMT* 方法的搜索半径 r_n 为 1.1。在所有实验中，每种测试方法尝试对机械臂进行 10 次路径规划。为了测试 4 种方法规划高质量路径的能力，所有实验均设定阈值 J_{given} 为零。

本书对右机械臂进行仿真实验，如图 3.16 所示。设定规划时间 t_{given} 为 5s，并在笛卡尔空间内添加 50 个位置固定的随机尺寸箱型障碍物，以机械臂初始位姿为位形空间内的规划起点，抓取位姿为规划目标点，为整条机械手臂（包括末端执行器）设置碰撞检测，测试方法需要在给定规划时间内搜索一条代价值尽量低的避障路径。与上述性能实验中类似，FMT* 方法的采样范围被设定为 1000 ~ 5000，IAFMT* 的初始采样点数量 n=1000。此外，为了测试初始采样点数量 n 对 IAFMT* 方法的影响，本书又使用 IAFMT* 方法做 1 组实验，其初始采样点数量 n 的取值范围为 1000 ~ 5000。

机械臂路径规划的实验结果如表 3.4 所示。Informed RRT* 方法的规划成功率仅为 60%，PRM* 方法、FMT* 方法、IAFMT* 方法的规划成功率均为 80%。所有测试方法在仿真实验中输出规划路径的代价值如图 3.17 所示，该图可显示测试方法在给定时间内规划出高质量路径的能力。相比于其他三种测试方法，在所有实验中，IAFMT* 方法输出路径代价值的均值和中位数最小，并且其数据值更紧凑，这意味着 IAFMT* 方法能够稳定地规划出高质量的路径。

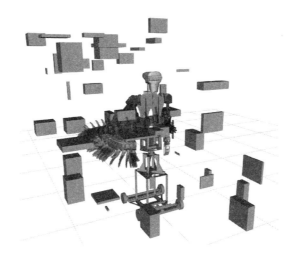

图 3.16　基于 IAFMT* 方法的机械臂路径规划仿真实验

表 3.4　机械臂路径规划实验结果

实验	成功率			
	PRM*	I-RRT*	FMT*	IAFMT*
仿真实验	8/10	6/10	8/10	8/10

　　通过在仿真实验中改变 IAFMT* 方法的初始采样点数量 n 来研究参数变化对输出结果的影响。机械臂位形空间内的一个采样点表示机械臂在工作空间（笛卡尔空间）内的一个位姿。IAFMT* 方法基于 n 个初始采样点构建路径树，进而获得一组有序采样点作为初始可行路径，以

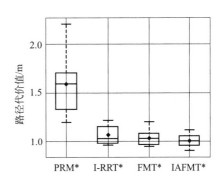

图 3.17　机械臂规划路径代价值

此表示机械臂在工作空间内的一条避障运动路径。初始采样点数量 n 越大，机械臂位形空间内的初始采样点越密集，搜索初始可行路径的耗时

越长，路径质量越高，反之则相反。当初始采样点数 $n=1000$ 时，IAFMT* 方法规划路径的成功率为 80%；n 的值从 2000 变化到 5000 的过程中，路径规划成功率均为 100%。由此可见，在给定的 5s 规划时间内，较少的初始采样点会对规划成功率造成一定影响，可以通过增加初始采样点数来提升规划成功率；从 IAFMT* 方法原理上分析，适当延长规划时间，给增量搜索更多的时间寻找初始路径同样可以达到提升收敛成功率的目的。图 3.18 显示初始采样点数量 n 的变化对输出结果的影响。由图可知，初始采样点数量 n 为 1000 时，IAFMT* 能快速地获得代价值较高的初始可行路径，随后可行路径被不断优化，最终获得具有低代价值的高质量路径。随着初始采样点数的增长，机械臂位形空间内的采样点密度不断增大，导致 IAFMT* 方法计算初始解的时间增加，相应的初始可行路径代价值减小。当 $n=5000$ 时，IAFMT* 方法搜索初始可行路径的用时接近给定规划时间，初始路径代价值接近最终路径代价值。由实验结果可知，尽管初始采样点数量 n 在变化，IAFMT* 方法仍然能够较为稳定地输出具有较低代价值的规划路径。

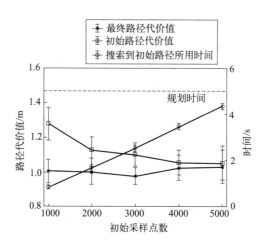

图 3.18   仿真实验中不同初始采样点数 n 对 IAFMT* 方法输出结果的影响

3.7　本章小结

　　针对仿人服务机器人机械臂在不同环境下面对的高维复杂路径规划问题，本章提出一种兼具较强求解能力和自适应能力的渐进最优随机采样路径规划方法，即 IAFMT* 方法。该方法可快速规划一条具有较低代价值的可行路径，并在给定的规划时间内不断优化可行路径，最终输出高质量路径或最优路径。本章还从理论上分析了 IAFMT* 方法的概率完备性、渐进最优性和算法复杂度。最后，算法性能测试实验结果和机械臂仿真实验结果证明 IAFMT* 方法具有高效、稳定、自适应性强的特点。

第 4 章

机械臂动态路径规划方法

4.1　机械臂动态路径规划方法概述

仿人服务机器人机械臂在作业时，室内环境信息预知，墙壁、座椅等障碍物位姿和目标物位姿一般不变，故需要进行静态路径规划，为机械臂提供全局路径。但是机械臂沿着全局路径运动的过程中，可能存在人类或其他障碍物遮挡部分规划路径的情况，因此，若全局路径的部分路段不可用，还要进行动态路径规划输出局部重规划路径以替代局部失效路段，从而控制机械臂躲避障碍物。动态避障重规划局部路径能有效提高机械臂的工作效率。

基于随机采样的路径规划方法通过大量的随机采样点探索规划空间，并构建庞大的搜索树或路标图以便找到可行路径。虽然此类方法十分适合解决高维运动规划问题，但是所规划路径的冗余量和随机性较大，更重要的是若搜索树或路标图的规模没有很好控制，则会严重影响规划速度。这些特点限制了传统随机采样规划方法在机械臂动态规划中的应用。因此，需要针对机械臂动态规划提出一种规划效率高，同时兼顾路径质量和平滑性的路径规划方法。

针对上述挑战，本章提出一种基于高斯过程回归的路径规划方法，即高斯随机动态规划（Gaussian Random Dynamic Planning，GRDP）方法。现有研究中，高斯过程回归常用于轨迹预测和状态点估计[145-147]，而高斯随机动态规划方法则利用高斯过程回归实现动态局部路径规划。高斯随机动态规划方法先以局部路径的起点和终点作为输入集得到高斯过程回归模型，并以此为基础进行高斯采样生成有限条随机路径。再由延时叠加碰撞检测策略减少碰撞检测次数，提升计算速度，并筛选出冗余量最小的无碰撞路径。最后经过高斯插值输出符合机械臂运动要求的高分辨率局部路径。所有随机路径均可由高斯过程回归以稀疏点表示，并且高斯过程回归还可对输出的无碰撞路径进行路径点密集插值，这种特性能有效提高算法效率。高斯过程回归引入的二次指数核函数使规划路径天然的具有平滑性。此外，高斯采样过程中添加的方向约束，令动态局部路径非常平滑地融入全局路径中，实现机械臂的全过程平滑运动。

4.2　高斯过程回归模型

高斯过程回归（Gaussian Process Regression，GPR）是机器学习领域中一种重要的非参数监督学习模型，其求解按贝叶斯推断进行，因而 GPR 可同时提供输出变量的预测均值和预测方差，即预测结果的后验。与贝叶斯线性回归不同的是，GPR 通过引入核技巧提升数据的非线性拟合能力，从而具有更好的适应性和泛用性，尤其适用于训练样本少、变量维度高的非线性问题[148, 149]。本节将从权重空间角度（Weight-space View），由正态假设的贝叶斯线性回归导出 GPR 模型的最终形式。

假设观测点集 $(\boldsymbol{X}, \boldsymbol{y}) = \{(\boldsymbol{x}_i, y_i) | i = 1, 2, \cdots, n\}$，样本相互独立，观测点集的输入矩阵为 $\boldsymbol{X} = [\boldsymbol{x}_1, \boldsymbol{x}_2, \cdots, \boldsymbol{x}_n]^{\mathrm{T}}$，输出向量为 $\boldsymbol{y} = [y_1, y_2, \cdots, y_n]^{\mathrm{T}}$，贝叶斯线性回归模型为：

$$\begin{cases} f(x) = x^{\mathrm{T}} w \\ y = f(x) + \varepsilon \end{cases} \tag{4.1}$$

其中，$w = [w_1, w_2, \cdots, w_n]^{\mathrm{T}}$ 为权重向量，ε 是噪声，服从均值为 0、方差为 σ_n^2 的独立同分布高斯分布。

令预测输入向量为 x_*，无噪声输出 $f_* = f(x_*)$ 服从的概率分布为：

$$p(f_* \mid x_*, X, y) = \int p(f_* \mid x_*, w) p(w \mid X, y) \mathrm{d}w \tag{4.2}$$

其中，w 的后验概率表达式为：

$$p(w \mid X, y) = p(y \mid X, w) p(w) / p(y \mid X) \tag{4.3}$$

式（4.3）中的似然 $p(y \mid X, w)$ 通常为独立高斯分布，则：

$$\begin{aligned} p(y \mid X, w) &= \prod_{i=1}^{n} p(y_i \mid x_i, w) \\ &= (2\pi\sigma_n^2)^{-n/2} \exp\left[-(2\sigma_n^2)^{-1} (y - X^{\mathrm{T}}w)^{\mathrm{T}} (y - X^{\mathrm{T}}w) \right] \\ &= \mathcal{N}(X^{\mathrm{T}}w, \sigma_n^2 I) \end{aligned} \tag{4.4}$$

令式（4.3）中的权重向量先验服从如下高斯分布：

$$p(w) = \mathcal{N}(0, \Sigma_p) \tag{4.5}$$

由于 w 的后验概率表达式中边际似然 $p(y \mid X)$ 与 w 无关，故式（4.3）可化简为：

$$\begin{aligned} p(w \mid X, y) &\propto p(y \mid X, w) p(w) \\ &\propto \exp\left[-(2\sigma_n^2)^{-1} (y - X^{\mathrm{T}}w)^{\mathrm{T}} (y - X^{\mathrm{T}}w) \right] \exp\left[-2^{-1} w^{\mathrm{T}} \sum_p^{-1} w \right] \\ &\propto \exp\left[-2^{-1} (w - \mu_w)^{\mathrm{T}} A^{-1} (w - \mu_w) \right] \end{aligned}$$

$$\tag{4.6}$$

其中，

$$
\begin{cases}
\boldsymbol{\mu}_w = \sigma_n^{-2} \left(\sigma_n^{-2} \boldsymbol{X} \boldsymbol{X}^{\mathrm{T}} + \sum_p^{-1} \right)^{-1} \boldsymbol{X} \boldsymbol{y} \\
A = \sigma_n^{-2} \boldsymbol{X} \boldsymbol{X}^{\mathrm{T}} + \sum_p^{-1}
\end{cases}
\tag{4.7}
$$

$\boldsymbol{w}$ 的后验概率分布为：

$$
p\big(\boldsymbol{w} \mid \boldsymbol{X}, \boldsymbol{y}\big) = \mathcal{N}\big(\boldsymbol{\mu}_w, A^{-1}\big)
\tag{4.8}
$$

至此，式（4.1）对应的无噪声和考虑噪声的预测分布分别为：

$$
p\big(f_* \mid \boldsymbol{x}_*, \boldsymbol{X}, \boldsymbol{y}\big) = \mathcal{N}\big(\boldsymbol{x}_*^{\mathrm{T}} \boldsymbol{\mu}_w, \boldsymbol{x}_*^{\mathrm{T}} A^{-1} \boldsymbol{x}_*\big)
\tag{4.9}
$$

$$
p\big(y_* \mid \boldsymbol{x}_*, \boldsymbol{X}, \boldsymbol{y}\big) = \mathcal{N}\big(\boldsymbol{x}_*^{\mathrm{T}} \boldsymbol{\mu}_w, \boldsymbol{x}_*^{\mathrm{T}} A^{-1} \boldsymbol{x}_* + \sigma_n^2 I\big)
\tag{4.10}
$$

对于非线性问题而言，可采用基函数 $\phi(x)$ 将输入变量 x 投影到高维特征空间，再利用贝叶斯线性回归方法进行处理。给定 1 组基函数 $\boldsymbol{\phi}(\boldsymbol{x}) = \big[\phi_1(\boldsymbol{x}), \phi_2(\boldsymbol{x}), \cdots, \phi_m(\boldsymbol{x})\big]^{\mathrm{T}}$，将输入向量 $\boldsymbol{x}$ 映射到高维特征空间，输入矩阵为 $\boldsymbol{\Phi}(\boldsymbol{X}) = \big[\boldsymbol{\phi}(\boldsymbol{x}_1), \boldsymbol{\phi}(\boldsymbol{x}_2), \cdots, \boldsymbol{\phi}(\boldsymbol{x}_n)\big]^{\mathrm{T}}$，则可将非线性问题转化为线性问题，并建立如下模型：

$$
\begin{cases}
f(\boldsymbol{x}) = \boldsymbol{\phi}(\boldsymbol{x})^{\mathrm{T}} \boldsymbol{w} \\
y = f(\boldsymbol{x}) + \varepsilon
\end{cases}
\tag{4.11}
$$

与贝叶斯线性回归模型的推导方法类似，预测输出的概率分布为：

$$
p\big(f_* \mid \boldsymbol{x}_*, \boldsymbol{X}, \boldsymbol{y}\big) = \mathcal{N}\big(\boldsymbol{\phi}(\boldsymbol{x}_*)^{\mathrm{T}} \boldsymbol{\mu}_w', \boldsymbol{\phi}(\boldsymbol{x}_*)^{\mathrm{T}} A'^{-1} \boldsymbol{\phi}(\boldsymbol{x}_*)\big)
\tag{4.12}
$$

其中，

$$
\begin{cases}
\boldsymbol{\mu}_w' = \sigma_n^{-2} A'^{-1} \boldsymbol{\Phi} \boldsymbol{y} \\
A' = \sigma_n^{-2} \boldsymbol{\Phi} \boldsymbol{\Phi}^{\mathrm{T}} + \sum_p^{-1}
\end{cases}
\tag{4.13}
$$

对式（4.12）等价改写，可得：

$$p\left(f_* \mid \boldsymbol{x}_*, \boldsymbol{X}, \boldsymbol{y}\right) = \mathcal{N}(\boldsymbol{\phi}\left(\boldsymbol{x}_*\right)^{\mathrm{T}} \Sigma_p \boldsymbol{\Phi}\left(\boldsymbol{\Phi}^{\mathrm{T}} \Sigma_p \boldsymbol{\Phi} + \sigma_n^2 I\right)^{-1} \boldsymbol{y}, \tag{4.14}$$

$$\boldsymbol{\phi}\left(\boldsymbol{x}_*\right)^{\mathrm{T}} \Sigma_p \boldsymbol{\phi}\left(\boldsymbol{x}_*\right) - \boldsymbol{\phi}\left(\boldsymbol{x}_*\right)^{\mathrm{T}} \Sigma_p \boldsymbol{\Phi}\left(\boldsymbol{\Phi}^{\mathrm{T}} \Sigma_p \boldsymbol{\Phi} + \sigma_n^2 I\right)^{-1} \boldsymbol{\Phi}^{\mathrm{T}} \Sigma_p \boldsymbol{\phi}\left(\boldsymbol{x}_*\right))$$

上式中基函数的显式形式难以确定，故引入核函数替换基函数，以便于降低维度和解决非线性问题，则：

$$\begin{cases} p\left(f_* \mid \boldsymbol{x}_*, \boldsymbol{X}, \boldsymbol{y}\right) = \mathcal{N}\left(\boldsymbol{\mu}_*, \Sigma_*\right) \\ \boldsymbol{\mu}_* = \boldsymbol{k}\left(\boldsymbol{K} + \sigma_n^2 I\right)^{-1} \boldsymbol{y} \\ \Sigma^* = k_* - \boldsymbol{k}\left(\boldsymbol{K} + \sigma_n^2 I\right)^{-1} \boldsymbol{k}^{\mathrm{T}} \end{cases} \tag{4.15}$$

其中，

$$\begin{cases} \boldsymbol{K} = k\left(\boldsymbol{X}, \boldsymbol{X}\right) = \boldsymbol{\Phi}^{\mathrm{T}} \Sigma_p \boldsymbol{\Phi} \\ \boldsymbol{k} = k\left(\boldsymbol{x}_*, \boldsymbol{X}\right) = \boldsymbol{\phi}\left(\boldsymbol{x}_*\right)^{\mathrm{T}} \Sigma_p \boldsymbol{\Phi} \\ k_* = k\left(\boldsymbol{x}_*, \boldsymbol{x}_*\right) = \boldsymbol{\phi}\left(\boldsymbol{x}_*\right)^{\mathrm{T}} \Sigma_p \boldsymbol{\phi}\left(\boldsymbol{x}_*\right) \end{cases} \tag{4.16}$$

由核函数计算。

对于考虑噪声的预测输出概率分布为：

$$p\left(y_* \mid \boldsymbol{x}_*, \boldsymbol{X}, \boldsymbol{y}\right) = \mathcal{N}\left(\boldsymbol{\mu}_*, \Sigma_* + \sigma_n^2 I\right) \tag{4.17}$$

上式亦是 GPR 模型输出预测值 y_* 的后验分布。

4.3　高斯随机动态路径规划方法

4.3.1　动态规划基本框架

尽管机械臂能依据静态路径规划方法提供的全局路径执行作业任务，但是在机械臂运动过程中，全局规划路径可能由于当前环境信息的改变而出现干涉，这就要求机械臂具备一定的重规划能力。应对此问题最简单的做法是暂停任务执行，放弃原规划路径，重新规划出一条全局路径。然而该方案可能会令机械臂在执行同一任务时多次暂停等待更新全局路径，极大地降低了任务执行效率。另一种做法是充分利用原有全局路径规划信息，仅在部分干涉路径处进行局部路径重规划以代替该段失效路径，此种方案可令机械臂实现快速动态规划，避免机械臂频繁启停，提升任务执行效率。

　　本书基于后一种方案设计机械臂动态路径规划基本框架，如图 4.1 所示。该框架分为两部分，即离线阶段和在线阶段。机械臂接到任务执行指令后，首先在离线阶段设定末端执行器的目标位姿，并假定环境中障碍物均为静止状态。利用第 2 章提出的启发式分层迭代逆解算法求解机械臂各关节目标构型，再由第 3 章的 IAFMT* 方法规划出一条最优或次优的全局路径，依此控制机械臂运动。机械臂启动后，系统转入在线阶段，实时更新当前环境信息，采用本章提出的高斯随机动态路径规划方法对失效的规划路段进行快速局部路径重规划，并更新、替换失效路段，以保证机械臂安全、高效地完成既定任务。

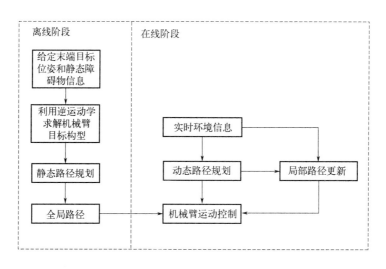

图 4.1　机械臂动态路径规划基本框架

4.3.2　基于高斯过程回归的随机路径生成

随机过程是一族随机变量的集合，每一时刻的系统状态由一个随机变量表述，故随机过程可用于描述随时间变化的随机现象。设一随机过程为 $\{f(t),t\in T\}$，其中参数和参数集分别为 t 和 T，一般 t 可视为时间，随机变量 $f(t)$ 是 t 时刻系统的状态。$f(t)$ 所有可能取值的全体称为状态空间。若此随机过程的任意有限维随机变量 $\left[f(t_1),f(t_2),\cdots,f(t_n)\right]$ 均服从 n 维高斯分布，则称 $\{f(t),t\in T\}$ 为高斯过程（Gaussian Process，GP）。高斯过程的数学特征由均值函数 $m(t)$ 和核函数 $k(t,t')$ 共同确定，核函数本质为协方差函数。高斯过程如式（4.18）所示：

$$\begin{cases} f(t)\sim\mathcal{GP}\big(m(t),k(t,t')\big) \\ m(t)=E\big[f(t)\big] \\ k(t,t')=E\big[\big(f(t)-m(t)\big)\big(f(t')-m(t)\big)\big] \end{cases} \tag{4.18}$$

高斯过程可视为多变量高斯分布的无限维推广，并且能由少样本数据集实现模型参数化，方便地查询任意时刻的过程状态，故采用高斯过程模型描述机器人的连续时间轨迹能免于精细离散化轨迹，大幅度降低计算开销，还可估计轨迹上任意点的状态。设规划轨迹 $\boldsymbol{P}=\{P(t),t\in T\}$ 为高斯过程，$P(t)$ 表示 t 时刻机器人所在的位置，机器人的连续时间（无限维）轨迹描述为：

$$\boldsymbol{P}\sim\mathcal{GP}\big(\mu(t),k(t,t')\big) \tag{4.19}$$

其中，数据预处理后的均值函数 $\mu(t)$ 一般为 0，考虑到运动轨迹的可重复性和平滑性要求，核函数 $k(t,t')$ 选用二次指数核函数。

二次指数核函数形式如下：

$$k(t,t')=\sigma_f^2\exp\left[-(t-t')^2/\sigma_l^2\right] \tag{4.20}$$

其中，参数 σ_f 反映了在 $t = t'$ 时刻轨迹状态点（随机变量）的概率分布特性，参数 σ_l 反映不同时刻轨迹状态点间的相关性，参数 σ_f 和 σ_l 共同决定基于高斯过程的连续时间轨迹特性。

机器人时序轨迹点集是基于高斯过程的连续时间轨迹离散测量值，可通过高斯过程回归模型给出任意轨迹点插值密度的离散时间轨迹后验分布，由式（4.15）～式（4.17）可得：

$$
\begin{cases}
p\left(\boldsymbol{P}_* \mid \boldsymbol{t}_*, \boldsymbol{s}_{\mathrm{a}}, \boldsymbol{P}_{\mathrm{a}}\right) = \mathcal{N}\left(\boldsymbol{\mu}_{P_*}, \Sigma_{P_*} + \sigma_n^2 I\right) \\
\boldsymbol{\mu}_{P_*} = \boldsymbol{k}_{*\mathrm{a}}\left(\boldsymbol{K}_{\mathrm{a}} + \sigma_n^2 I\right)^{-1} \boldsymbol{P}_{\mathrm{a}} \\
\Sigma_{P_*} = k_{P_*} - \boldsymbol{k}_{*\mathrm{a}}\left(\boldsymbol{K}_{\mathrm{a}} + \sigma_n^2 I\right)^{-1} \boldsymbol{k}_{*\mathrm{a}}^{\mathrm{T}}
\end{cases} \tag{4.21}
$$

其中，$\boldsymbol{s}_{\mathrm{a}} = \{s_i \mid i = 1, 2, \cdots, M\}$ 和 $\boldsymbol{P}_{\mathrm{a}} = \{P_i \mid i = 1, 2, \cdots, M\}$ 是训练集中 M 个轨迹点的时刻和对应位置；$\boldsymbol{t}_* = \{t_i \mid i = 1, 2, \cdots, N\}$ 和 $\boldsymbol{P}_* = \{P_i \mid i = 1, 2, \cdots, N\}$ 是输出的 N 个离散时间轨迹点对应的时刻和位置，一般 N 大于 M，意味着输出的离散时间轨迹点更加密集；σ_n^2 表示噪声的方差；$\boldsymbol{k}_{*\mathrm{a}} = k\left(\boldsymbol{t}_*, \boldsymbol{s}_{\mathrm{a}}\right) \in \mathbb{R}^{N \times M}$ 是关于测试时刻集和训练时刻集的核矩阵；$k_{P_*} = k\left(\boldsymbol{t}_*, \boldsymbol{t}_*\right) \in \mathbb{R}^{N \times N}$ 是关于测试时刻集自身的核矩阵；$\boldsymbol{K}_{\mathrm{a}} = k\left(\boldsymbol{s}_{\mathrm{a}}, \boldsymbol{s}_{\mathrm{a}}\right) \in \mathbb{R}^{M \times M}$ 是关于训练时刻集自身的核矩阵；$\boldsymbol{k}_{*\mathrm{a}}$、$k_{P_*}$、$\boldsymbol{K}_{\mathrm{a}}$ 均由式（4.20）计算；$\left(\boldsymbol{K}_{\mathrm{a}} + \sigma_n^2 I\right)^{-1}$ 通过训练集确定，若训练集不变，先计算该项值，后在动态规划过程中重复利用以提高计算效率。本书研究的串联机械臂 6 个自由度间相互独立，故一维离散时间轨迹后验分布模型，即式（4.21），易于推广为 6 维离散时间轨迹的后验分布模型。

若对连续时间轨迹 $\boldsymbol{P} = \{P(t), t \in T\}$ 在参数集 T 上进行一次离散采样，采样时间序列为 $\boldsymbol{t}_* = \{t_i \mid i = 1, 2, \cdots, N\}$，则能为机器人随机生成一条离散时间轨迹 $\boldsymbol{P}_* = \{P_i \mid i = 1, 2, \cdots, N\}$。

具体做法是先对离散时间轨迹后验分布 [式（4.21）] 中协方差矩阵 $\Sigma_{P_*} + \sigma_n^2 I$ 进行矩阵奇异值分解，即：

$$\Sigma_{P_*} + \sigma_n^2 I = USV^T \tag{4.22}$$

再利用式（4.23）得到高斯过程在 N 个时刻的采样，即一条随机离散时间轨迹 P_*：

$$P_* = U\sqrt{S}g + \mu_{P_*} \tag{4.23}$$

其中，μ_{P_*} 是式（4.21）中均值函数，$g = \begin{bmatrix} g_1, g_2, \ldots, g_N \end{bmatrix}$ 为 N 个独立同分布的标准高斯随机变量。生成的随机离散时间轨迹 P_* 中所有轨迹点是高斯样本的证明过程如下：

基于式（4.23）推导随机离散时间轨迹 P_* 的期望值，可得：

$$E(P_*) = U\sqrt{S}E(g) + E(\mu_{P_*}) = \mu_{P_*} \tag{4.24}$$

结合式（4.23）计算 P_* 和 P_*' 的协方差：

$$\begin{aligned}
Cov(P_*, P_*') &= E\left[\left(P_* - \mu_{P_*} \right) \left(P_*' - \mu_{P_*} \right) \right] \\
&= E\left[U\sqrt{S}g \cdot \left(U\sqrt{S}g' \right)^T \right] \\
&= U\sqrt{S}E\left[gg'^T \right]\sqrt{S}V^T \\
&= U\sqrt{S} \times 1 \times \sqrt{S}V^T \\
&= \Sigma_{P_*} + \sigma_n^2 I
\end{aligned} \tag{4.25}$$

通过式（4.24）和式（4.25）可证离散时间轨迹 P_* 的后验分布与式（4.21）一致。

至此，可由式（4.23）生成任意插值密度和任意数量的随机离散时间轨迹用于机械臂的动态局部重规划。

4.3.3　局部动态平滑路径规划

基于二次指数核函数的高斯过程采样所生成的路径十分平滑，但是作为动态局部路径而言，其与全局路径衔接的端点处因为没有方向约束而无法实现平滑过渡。为此，可以在局部路径的端点附近添加距离为 $\delta \to 0$ 的路径点，使端点的切线方向与机器人运动方向一致，如图 4.2 所示。设 $[t_1, P_1]^{\mathrm{T}}$ 是局部路径的起始点，且 $P_1 = \left[P_1^x, P_1^y \right]$，$v$ 和 $\theta \in [0, 2\pi)$ 分别为机器人在起始点处的速度和朝向，故后添加的方向约束点 $[t_\delta, P_\delta]^{\mathrm{T}}$ 可由式（4.26）确定：

$$\begin{cases} t_\delta = t_1 - \delta / v \\ P_\delta = \left[P_1^x - \delta \cos(\theta), P_1^y - \delta \sin(\theta) \right] \end{cases} \tag{4.26}$$

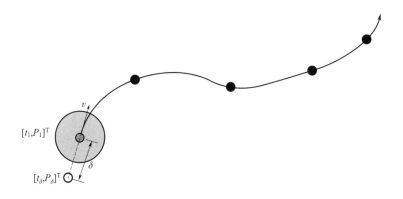

图 4.2　高斯采样路径端点添加方向约束示意图

图 4.3 和图 4.4 中圆点是稀疏离散路径点，粗实线表示由高斯过程回归模型插值得到的后验均值路径，阴影部分为高斯采样的 3 倍标准差范围，细实线是 50 组高斯采样随机路径。图 4.3 中后验均值路径和高斯采样随机路径的起始端没有添加方向约束。因此，该局部路径的起始速度方向随机性较大，导致无法实现全局路径到局部路径的平滑过渡。图 4.4

中局部路径的端点添加了方向约束，所有规划路径的起始端速度方向均可控，故高斯采样路径可与全局路径平滑连接。将上述路径平滑连接方法应用到局部路径的起始段和终止端，则能把局部路径平滑地连接到全局路径中。

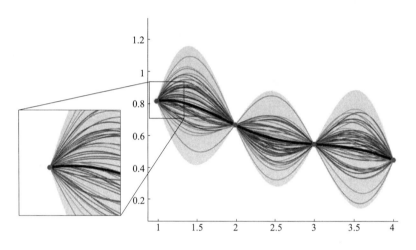

图 4.3　端点无方向约束的高斯采样路径

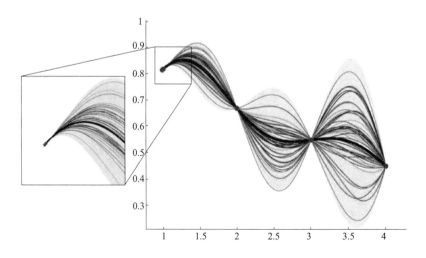

图 4.4　端点有方向约束的高斯采样路径

路径规划过程中的碰撞检测往往耗费大量计算成本，减少碰撞检测次数能有效提高规划效率。本节利用基于高斯过程的轨迹模型能生成任意插值密度路径点这一特性，提出一种延时叠加碰撞检测策略，用以快速筛选代价值最小的无碰撞高斯采样随机路径。给定规划路径的起点和终点，基于高斯采样生成的局部随机路径由稀疏路径点组成，碰撞检测先在稀疏路径点处执行，若有碰撞，则抛弃该路径；若无碰撞，再进一步用分辨率更高的插值点进行碰撞检测，最后由高斯插值输出密集路径点以供机器人控制器使用，如图 4.5 所示。

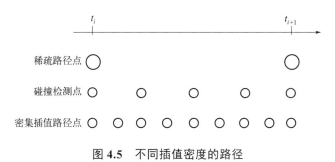

图 **4.5** 不同插值密度的路径

基于延时叠加碰撞检测策略的路径筛选方法如图 4.6 所示，其中矩形为障碍物，实心点是起点和终点，空心点表示采样路径点，阴影点是碰撞点，虚线为无效路径，实线是有效路径。由高斯稀疏采样快速生成 n 组随机路径，将所有随机路径依代价值从小到大排序，并依次进行筛选。在图 4.6（a）中，路径 P_{*1} 在稀疏点碰撞检测中就被抛弃，路径 P_{*2} 初步碰撞检测通过，路径 P_{*3} 和其他路径延时检测，即先不检测。在图 4.6（b）中，路径 P_{*2} 在密集点碰撞检测中失效，路径 P_{*3} 进行初步检测。如图 4.6（c）所示，路径 P_{*3} 通过复检，该路径即为筛选出的局部路径。

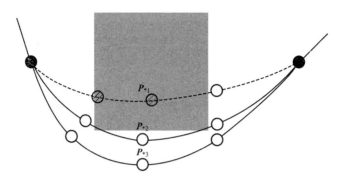

(a) 基于稀疏采样点的随机路径

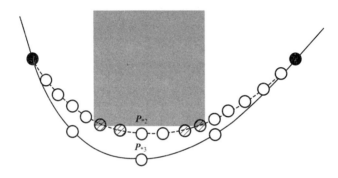

(b) 随机路径依代价值顺序进行密集插值和碰撞检测

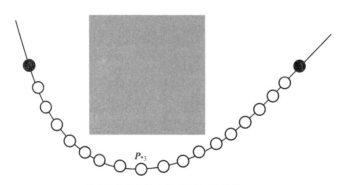

(c) 选择出代价值最小的无碰撞平滑路径

图 4.6　随机高斯采样路径的筛选方法

高斯随机动态规划方法的具体实施过程如图 4.7 所示。全局规划路径已知，圆形动态障碍物欲横穿全局路径，见图 4.7（a）。动态障碍前进后令部分全局路径失效，此时高斯随机动态规划方法获取失效路径起点和终点的位置、速度、时间信息，由高斯稀疏采样生成具有端点方向约束的随机路径集 $P_* = \{P_{*i} \mid i = 1, 2, \cdots, n\}$，依据代价值大小对 P_* 内路径降序排序，筛选出 P_* 内代价值最小的无碰撞路径 P_{opt}。再进行路径点密集插值，得到平滑的局部路径，该局部路径与全局路径实现平滑过渡，如图 4.7（b）。动态障碍继续前进，令上次生成的局部路径失效，高斯随机动态规划方法动态生成新的局部路径，如图 4.7（c）～（e）所示，其中图 4.7（d）显示了该位置处所有的高斯采样随机路径。在图 4.7（f）中，动态障碍已穿过全局路径，恢复原始全局路径。

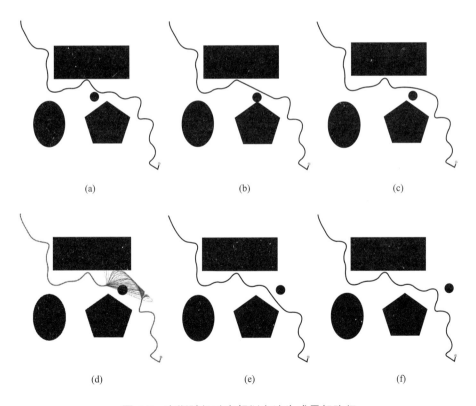

图 4.7 高斯随机动态规划方法生成局部路径

4.4 高斯随机动态路径规划方法的性能分析

高斯随机动态规划方法基于高斯过程回归直接在局部规划的起点和目标点间生成有限条平滑的随机路径，再通过延时叠加碰撞检测策略筛选出代价值最小的无碰撞路径。本节将分析高斯随机动态规划方法的收敛性，还会讨论不同参数变化对算法的影响。

假设给定全局路径，移动障碍物令全局路径的一段路径失效，以失效路径的两个端点作为局部动态路径规划的起始点和目标点，并利用高斯随机动态规划方法搜索局部可行路径。如图 4.8 ～图 4.11 所示，点 x_s 和 x_e 分别为局部规划的起始点和目标点，黑色矩形为障碍物 B，阴影部分表示可生成局部规划路径的搜索空间 v，P_u 和 P_d 表示空间 v 边界上的两条路径。该搜索空间 v 根据 4.3.2 节式（4.19）和高斯分布的 3σ 原则构建，这意味着在位形空间 x 中，高斯随机动态规划方法在此搜索空间 $v \subset x$ 内生成随机局部路径的概率为 99.74%。因此，搜索空间 v 与障碍物 B 的位置、尺寸关系变化会影响高斯随机动态规划方法的收敛性，具体有如下 3 种情况。

① 如图 4.8 所示，障碍物 B 在空间 v 内部，且与搜索空间 v 边界路径集 P 中所有路径均无碰撞点。若随机路径的生成数量 n 足够多，则高斯随机动态规划方法可输出一条局部可行路径，即算法收敛。

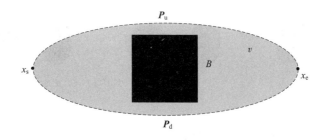

图 4.8　算法可收敛的情况 1

② 如图 4.9 所示，空间 v 边界路径集 P 中的部分路径与障碍物 B 存在碰撞点。若随机路径的生成数量 n 足够多，则高斯随机动态规划方法可输出一条局部可行路径。

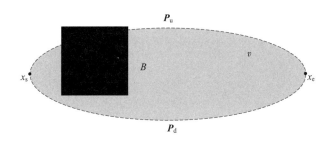

图 4.9　算法可收敛的情况 2

③ 如图 4.10 所示，空间 v 边界路径集 P 中的全部路径均与障碍物 B 存在碰撞点，则高斯随机动态规划方法规划失败的概率至少为 99.74%。在此种情况下，高斯随机动态规划方法仍有一定概率输出可行路径，但是计算成本会大幅提高。在动态规划中，规划效率十分重要，所生成的路径数量不宜过多。因此，若出现图 4.10 所示的情况，可认为算法不收敛。

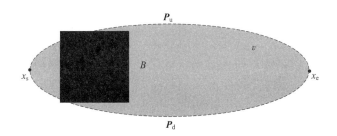

图 4.10　算法不易收敛的情况

　　如上述 3 种情况所示，高斯随机动态规划方法是否能快速给出一条局部可行路径与障碍物 B 和搜索空间 v 的大小有关，还与障碍物所在的位置有关。如在第 1、2 种情况中，若障碍物 B 的尺寸远远大于空间 v 所包含的范围，则算法无法收敛；若在第 3 种情况中，障碍物 B 再向右或向上移动一段距离，则此种情况可转化为第 1、2 种情况。因此，可据此给出提升高斯随机动态规划方法规划成功率的措施。

　　① 如图 4.11 所示，将二次指数核函数 [式（4.20）] 中的参数 σ_f 增大，则能够扩大空间 v 所包含的范围，令障碍物 B 只与部分边界路径相交，从而使高斯随机动态规划方法易于收敛。

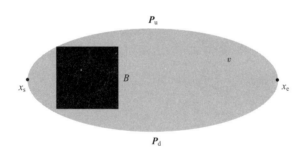

图 4.11　调节参数后算法可收敛

　　② 在动态局部避障规划的过程中，障碍物有时是在不断运动的。算法在时刻 t_1 规划失败，而在时刻 t_2 可能因为障碍物的移动出现上述第 2 种规划情况，从而使高斯随机动态规划方法规划成功。

　　对高斯随机动态规划法收敛性影响较为明显的参数为随机路径数量 n，以及二次指数核函数中的 σ_l 和 σ_f。

　　并非随机路径数量 n 越大，算法收敛效果越好。局部路径规划十分注重求解速度，生成过多的随机路径会严重占用计算资源，导致规划效率明显降低。此外，99.74% 的随机路径在基于 3σ 原则构建的空间 v 中生成，若规划中出现上述第 3 种情况，则生成过多的随机路径并不会明显提升算法的收敛效果。

　　将基于高斯过程生成的随机路径与三角函数曲线类比，则能较为直观地理解参数 σ_l 和 σ_f 变化对算法的影响。参数 σ_l 控制函数径向作用范围，其作用与三角函数中频率类似；参数 σ_f 控制函数纵向作用范围，其作用与三角函数中振幅类似。高斯随机动态规划方法生成的随机路径如图 4.12～图 4.14 所示，其中点 x_s 和 x_e 分别表示局部规划的起始点和目标点，阴影部分 v 表示基于 3σ 原则构建的搜索空间，实线 $\boldsymbol{P}^*$ 表示算法生成的随机路径。在图 4.12～图 4.14 中的随机路径数量 n 均为 100，并且绝大部分随机路径都在 3σ 空间 v 内部，与上文的分析一致。

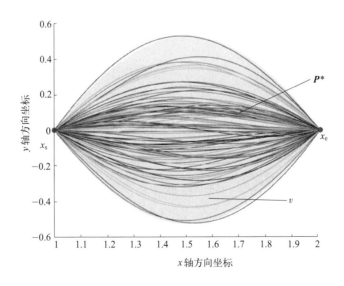

图 4.12　参数 σ_l=1、σ_f=1 时高斯随机动态规划方法生成的随机路径

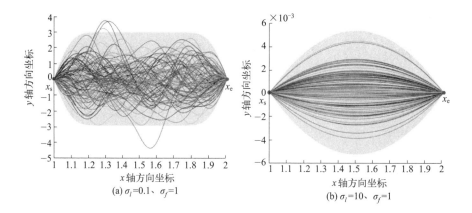

图 4.13　参数 σ_l 对高斯随机动态规划方法的影响

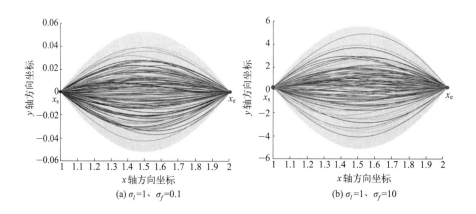

图 4.14　参数 σ_f 对高斯随机动态规划方法的影响

当参数 $\sigma_l = 1$、$\sigma_f = 1$ 时，算法生成的随机路径如图 4.12 所示。若将随机路径视为函数曲线，则其纵向变化范围大致为 $-0.5 \sim 0.5$，形态为单峰曲线。改变参数 σ_l 的值，当 $\sigma_l = 0.1$、$\sigma_f = 1$ 时，算法生成曲线如图 4.13（a）所示。曲线纵向变化范围大致为 $-3 \sim 3$，并且曲线类似三角函数曲线，其形态呈多峰曲线。当 $\sigma_l = 10$、$\sigma_f = 1$ 时，算法生成曲线如图 4.13（b）所示，曲线纵向变化范围大致为 $-0.005 \sim 0.005$，其形态呈单峰曲线。由此可知，调节参数 σ_l 能明显改变曲线的形态，并且影响曲线的纵向变化范围。改变参数 σ_f 的值，当 $\sigma_l = 1$、$\sigma_f = 0.1$ 时，算法生成曲线如图 4.14（a）所示，曲线纵向变化范围大致为 $-0.05 \sim 0.05$，其形态呈单峰曲线。当 $\sigma_l = 1$、$\sigma_f = 10$ 时，算法生成曲线如图 4.14（b）所示，曲线纵向变化范围大致为 $-5 \sim 5$，其形态呈单峰曲线。由此可知，调节参数 σ_f 不改变曲线的形态，只影响曲线的纵向变化范围，并且其纵向变化范围一般为 $\pm \sigma_f / 2$。

RRT 等随机采样类方法在整个规划空间内逐点采样以构建庞大的搜索树，再返回可行路径。与上述规划方式不同，高斯随机动态规划方法以高斯过程回归为基础，在基于 3σ 原则构建的搜索空间内生成有限条平滑的随机路径，再由延时叠加碰撞检测策略筛选出可行局部路径。该种规划方式的局部路径搜索范围更小，规划效率更高，并且其规划路径具有平滑性。此外，当动态障碍与局部路径的起点或目标点距离过近时，则会出现上述收敛性分析中的第 3 种情况，高斯随机动态规划方法的规划失败率会大幅度提升，从而令机械臂停止运行以防止碰撞的发生。由于动态障碍物的运动具有不确定性，此特性能最大限度地保护机械臂和障碍物的安全。高斯随机动态规划方法不是一种全局规划方法，并且其生成的路径一般较为简单。因此，该方法仅适用于一般情况下的局部路径规划，对于类似迷宫等较为复杂的规划问题或具有狭窄通道的规划问题而言，高斯随机动态规划方法并不适用。

4.5　机械臂动态避障实验与分析

为了测试高斯随机动态规划方法能否令机器人具备动态避障能力，在仿真实验和机器人抬臂实验中应用提出的方法进行动态避障规划，并以 RRT 方法和 FMT* 方法做对比实验。为保证生成的随机路径能尽量覆盖规划空间，并且有效减少超出规划范围的无效随机路径，设置高斯随机动态规划方法的参数 σ_f 为 0.9 倍的关节运动范围，参数 σ_l 为 0.5 可令随机路径的形态多样化，每次规划生成随机路径 1000 组，设定每条随机路径的高斯稀疏采样点为 10 个，两个高斯稀疏采样点间的密集点碰撞检测采用 OMPL 默认配置，局部路径重规划的起点、终点分别为距离失效全局路径边界点的前、后 10cm 最近的有效全局路径点。对比实验中的所有方法都使用 OMPL 算法库中默认的参数设置。仿真实验中，每种方法重复测试 10次；机器人动态避障抬臂实验中，每种方法重复运行 10 次。设置机械臂关节位置精度为 0.001rad，所有实验的全局路径均由 IAFMT* 方法规划提供。

仿真实验如图 4.15 所示。机械臂起始关节构型 [0.5866，0，0，1.2435，1.5714，-0.2071]，目标关节构型 [0.2913，0.7347，1.1121，0.9672，1.8333，0.2171]，以弧度制为单位。给定机械臂全局路径 [图 4.15（a）]，然后添加一个立方体障碍，令部分路段失效 [图 4.15（b）]，再利用高斯随机动态规划算法计算出一条平滑、冗余量小的局部路径 [图 4.15（c）]。实验结果如表 4.1 所示，高斯随机动态规划方法在规划速度上有明显优势，比RRT 方法、FMT* 方法的平均运算时间分别少 97.12%、93.02%。

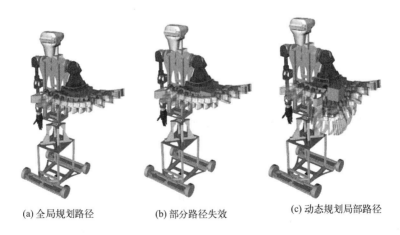

(a) 全局规划路径   (b) 部分路径失效   (c) 动态规划局部路径

图 4.15 机械臂动态规划仿真实验

表 4.1　动态路径规划实验结果

实验名称	算法	平均运算时间 /s	平均局部路径代价值 /m	成功率
仿真实验	RRT	1.04	1.0641	9/10
	FMT*	0.43	0.6969	10/10
	GRDP	0.03	0.7449	10/10
动态避障实验	RRT	0.90	0.9778	7/10
	FMT*	0.52	0.8008	9/10
	GRDP	0.04	0.8396	8/10

机器人动态避障抬臂实验如图 4.16 所示。机械臂起始关节构型为 $[0,0,0,0,0,0]$，目标关节构型为 $[0.5866,0,0,1.2435,1.5714,-0.2071]$，单位为弧度。机器人在抬臂的过程中改变当前环境信息，用盒子阻挡机械臂，高斯随机动态规划方法能快速规划出局部路径，控制机械臂动态躲避障碍物。实验结果如表 4.1 所示。高斯随机动态规划方法的规划成功率和平均局部路径代价值优于 RRT 方法、仅次于 FMT* 方法，高斯随机动态规划方法的规划速度相比于其他方法有显著提升，比 RRT 方法、FMT* 方法的平均运算时间分别少 95.56%、92.31%。

图 4.16　基于高斯随机动态规划方法的机械臂动态避障抬臂实验

上述实验结果验证了高斯随机动态规划方法能够快速规划出路径冗余量较小的局部可行路径，适用于机械臂的动态路径规划问题。

4.6   本章小结

本章首先回顾高斯过程回归模型，为局部路径规划方法提供理论基础。其次，设计一种机械臂动态路径规划基本框架，该框架包含离线阶段和在线阶段。针对在线阶段，提出高斯随机动态规划方法用于快速规划局部路径。以高斯过程回归为基础的高斯随机动态规划方法不仅能生成任意插值密度和任意数量的平滑随机路径，还可通过延时叠加碰撞检测策略减少计算成本，提升规划速度。此外，本章还分析了算法的收敛条件，并讨论了参数变化对算法的影响。实验结果表明，高斯随机动态规划方法总体规划成功率达到 90%，平均运算时间优于对比方法，平均局部规划路径代价值处于较低水平。由此验证在全局路径部分路段失效的情况下，高斯随机动态规划方法能根据当前动态环境信息为 6 自由度机械臂高效、快速地规划出一条平滑、冗余量小的局部可行路径。

第 5 章

机械臂系统设计与智能取放

5.1 机械臂系统设计与智能取放概述

仿人服务机器人能够代替或辅助人类完成部分任务，研发时须充分考虑使用者在日常生活中的实际需求，使机器人系统在安全性和可靠性的基础上进一步体现出实用性和智能性。机器人在服务作业过程中通常离不开机械臂系统的支持，如在物品取放任务中，机械臂实际上扮演了最终操作者的角色。因此，机械臂系统对于服务机器人而言有着不可替代的作用，同时也是当下国内外研究的热点。

本章介绍作者参与开发的仿人服务机器人实验平台，并设计开发机械臂软硬件系统，构建机器人抓取系统，再将前述静态、动态路径规划方法综合应用于该仿人服务机器人平台，进行物品智能取放实验，验证所设计的机械臂系统和提出方法在实际应用中的可行性和有效性。

5.2 仿人服务机器人实验平台概述

仿人服务机器人实验平台如图 5.1 所示，针对家庭日常生活需求，该机器人能实现语音交互及控制、手机终端控制、目标识别、定位、导航、避障、物品拾取等功能。家庭服务机器人的整体结构由头部、机械手臂、支撑躯干和全向底盘组成，具体介绍如下：

图 5.1　仿人服务机器人实验平台

① 头部结构　如图 5.2 所示，机器人头部的 2 个自由度由两部舵机提供，并配有一部 RGB-D 摄像头。头部在颈部舵机带动下能够绕竖直方向转动，控制眼部绕水平方向转动的舵机随着颈部舵机的转动而运动。两部舵机协同运作能够同时实现头部的左右转动和俯仰运动。

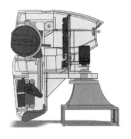

图 5.2　头部结构

② 机械手臂结构　服务机器人配备两套机械手臂，每套机械手臂由一条 6 自由度机械臂和一个末端手爪组成，可达到工作空间内的任意位置以完成复杂的抓取任务。两套机械臂由轻质铝合金材料加工而成。各关节采用直流伺服电机驱动，配套谐波减速器传动，电机直接通过连接法兰带动减速器运转，从而使机械臂结构紧凑，并有效减轻机械臂重量，令各关节输出较大转矩。为了更方便地完成不同的抓取任务，该机器人配备两款不同的末端手爪——二指夹爪和仿人手爪，如图 5.3 所示。仿人手爪为欠驱动机械灵巧手，所有零件均为 3D 打印件，由五个直线舵机驱动，具有零部件易更换、成本低、控制简单、可靠性高的特点，由于采用线绳传动，其本身具有一定柔性并具有较好的抓取性能和一定的操作性能。

图 5.3　机器人手爪

③ 主体躯干结构　机器人的躯干主要起到支撑和连接头、手臂、底盘的作用，并用于搭载机械臂控制器、阵列式全向麦克风、扬声器、调

试面板和各种电源转换器等。为了减轻机器人整体重量，主体躯干材料采用铝合金型材和玻纤板。此外，主体躯干还包含一个 2 自由度的腰部机构，如图 5.4 所示。腰部机构由 50mm 电动推杆、十字关节和鱼眼关节轴承组成，使机器人的前倾和后仰角度可以分别达到 20° 和 8°。当目标物品在机械手臂的工作空间之外时，适当俯仰能够有效扩展机械手臂的可达范围，使机器人顺利拾取目标物品。

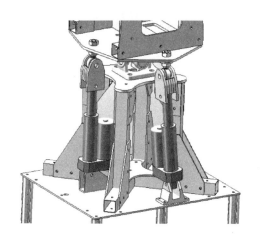

图 5.4   腰部机构

④ 底盘结构   服务机器人的工作环境一般为地面较为平整的室内，且环境较为复杂，需要机器人能够灵活移动，故采用四轮四驱独立控制技术，设计基于麦克纳姆轮的全向移动底盘，如图 5.5 所示。该全向底盘搭载 RM3510 驱动电机，通过控制电机转速和方向实现全向运动，如原地旋转和任意方向的直线运动，便于机器人随时调整姿态。为了适应路况同时兼顾稳定性，全向底盘的前轮组使用悬挂摇臂结构，后轮组使用减振结构，即使在不平坦地面行走也能从容应对。全向底盘载有锂电池组、核心控制计算机、底盘运动控制器、激光雷达和姿态传感器等设备。

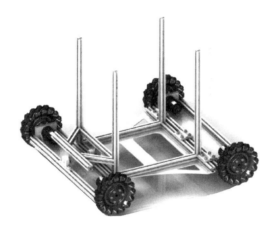

图 5.5　全向移动底盘

机器人整体高约 170cm，重约 80kg，采用高可靠性工控机作为核心控制机，其配置为 Intel Core i7-3610QE-2.3GHz 中央处理器、8GB 内存和 200GB 硬盘。当机器人原地调试时，使用市电供电，机器人需要移动时，采用动力锂电池组供电。

由智能机器人的定义 [150,151]，服务机器人控制系统采用分层分布式设计方案，如图 5.6 所示。该控制系统分为四层，分别为决策层、功能层、执行层和感知层。

① 决策层　主要负责视觉信息处理、对全局任务进行规划、接受下位机上传的反馈信息和发送控制指令等，由一台搭载泰坦显卡的高性能PC 主机完成上述功能。服务机器人可采集 RGB 图像、深度信息、点云信息，由工控机通过 WiFi 上传到 PC 主机进行信息分析处理，PC 主机再将结果回传给工控机。全局任务规划器对目标任务进行总体规划和子任务分配，并适时进行智能决策，再将控制指令发送给工控机。

② 功能层　能够融合多传感器信息、进行运动规划和发送控制指令等。功能层是机器人基本感知和行动单元的集合，为机器人完成单一任

务提供足够的感知和行动能力。由此可知，该层是机器人的核心控制部分，其主要功能由搭载在机器人上的工控机来实现，通过 WiFi 无线网络与决策层进行数据传输。多传感器信息融合模块对各个传感器采集的原始信息进行融合处理，输出功能层和决策层可调用的数据信息。运动规划器接收决策层的任务规划命令和实时环境状态信息，依据命令和事件的优先级，生成执行层可识别的运动规划指令。控制计算模块传输该层和其他层之间的数据和指令。

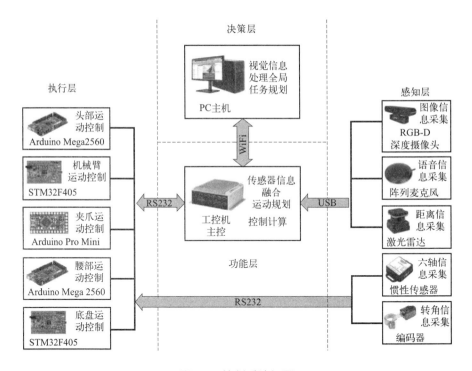

图 5.6 控制系统框图

③ 执行层 实现对各个底层机构的运动控制。该层采用 RS232 串口方式与功能层进行数据交换，接收和执行功能层的指令，并发送反

馈信息。执行层集成了头部运动控制模块、机械臂运动控制模块、夹爪运动控制模块、腰部运动控制模块和底盘运动控制模块。运动控制模块都基于闭环反馈方式来控制相应电机的转速和转向，从而控制底层执行机构完成期望动作。头部和腰部机构均有 2 个自由度，自由度较少且控制要求不高，采用性能较低的 Arduino Mega 2560 控制板实现机构控制。机械臂和底盘是机器人完成作业的关键机构，自由度较多且控制算法复杂，采用高性能 STM32F405 实现机构控制。考虑到夹爪中放置控制板的空间较为狭小，且夹爪只需要完成开合动作，故选用尺寸仅为 1.8cm×3.3cm 的 Arduino Pro Mini 控制板实现简单的控制功能。

④ 感知层　可通过多种传感器实时采集机器人姿态和环境状态信息，相当于"感官"系统，是机器人与外界沟通的桥梁。图像采集处理模块、语音模块和激光测距模块直接通过 USB 上传环境状态数据到功能层，惯性导航模块和编码器模块将机器人自身姿态信息通过 RS232 串口传输到执行层以便底层运动控制器对机构进行控制。

5.3　服务机器人机械臂系统设计

5.3.1　机械臂系统设计需求分析

机械臂系统在机器人服务作业过程中发挥着重要作用。因此，非常有必要对机械臂系统进行合理的设计。首先，确定系统内机械臂数量和单条机械臂的自由度数目。为了模拟人类上肢运动以从事日常家庭服务工作，家庭服务机器人通常配备两套拟人结构的机械臂。由于空间刚体具有 3 个平动自由度和 3 个转动自由度，6 自由度机械臂几乎可以令其末端夹爪在工作空间内实现任意轨迹和角度的运动，而自由度较少的机械臂只能完成简单的任务，自由度过多则建模过程复杂、控制难度增大[152]。因此，6 自由度机械臂以其结构简单、应用灵活和易于控制等优点广泛应用于服务机器人领域。另外，要考虑购置成品机械臂还是自行研发机械臂。目前，商品化的 6 自由度机械臂大部分为工业通用机械臂，少部分是商用机械臂。工业通用机械臂具有精度高、刚度大和技术成熟等优点，但是单条机械臂的重量通常为几十千克且体积较大，这增加了机器人倾倒的风险，不适用于家庭室内环境。商用 6 自由度机械臂虽然重量和体积较为适合应用于家庭服务机器人，但是存在控制系统较为封闭和扩展性差的问题，不利于根据后续需要对机械臂的控制系统进行开发升级。因此，本课题组自行研制双 6 自由度轻量化仿人机械臂装备于机器人两侧。

5.3.2 机械臂整体结构设计

仿人服务机器人机械臂采用仿生学设计思路，模拟人类手臂的运动机理，将骨骼视为多刚体连杆，手臂各主要关节抽象为运动副，其运动范围参照真实手臂，大、小臂的尺寸和比例可由人体比例标准确定。人类手臂的肩关节包含 3 个自由度，肘关节有 1 个自由度，腕关节有 3 个自由度，其最大活动角度依次为 230°、90°、180°、145°、180°、160°、75°。仿人服务机器人的 6 自由度串联机械臂结构如图 5.7 所示。为了令机械臂关节更加模块化，在不影响功能的前提下，调整关节布局，则仿人机械臂肩关节、肘关节和腕关节各有 2 个自由度，可做回转运动和俯仰运动，其最大活动角度依次为 135°、90°、180°、135°、180°、180°。根据人体比例标准，若人体身高是 H，则大臂和小臂尺寸分别为 0.188H 和 0.145H；日本仿人服务机器人 HRP-2P 的大、小臂尺寸均为

0.25m；参考上述比例和尺寸后，确定本书中仿人服务机械臂的大臂、小臂尺寸，分别为 0.25m 和 0.28m，机械臂总长约 0.75m。此外，每个机械臂关节采用电机—减速器—臂体的连接方式以简化机械臂结构，臂体以 6061 铝合金材料为主，尽量减轻机械臂总重量。由于结构简单、中间连接件少，这种连接方式还能大幅减少回程间隙和零部件的形变量，保证机械臂具有较高的结构刚度。

(a) 肩关节　　　　　(b) 肘关节　　　　　(c) 腕关节

(d) 6 自由度串联机械臂

图 5.7　机械臂结构图

5.3.3　机械臂系统硬件选型

机械臂的硬件主要有关节电机、减速器、编码器和运动控制器，其中关节伺服电机选型是机械臂系统设计中的核心问题之一。关节伺服电机的选型计算一般基于机械臂的主要设计指标来完成，通过惯量匹配、转速匹配、转矩匹配、功率匹配确定合适的电机型号，伺服电机选型计算流程如图 5.8 所示。

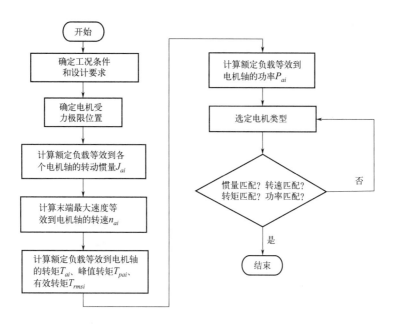

图 5.8　伺服电机选型流程图

（1）确定工况条件和设计要求

机械臂的 6 个回转关节由 6 台伺服电机驱动，末端额定负载为 $m_r = 1\text{kg}$ ，末端运动的最大线速度为 $V_e = 0.2\text{m/s}$ 。由机械臂的结构可知连杆质量 m_{Li} 和连杆长度 L_i （ $i = 1,2,\cdots,6$ ），如表 5.1 所示。机械臂各关节的质量要选定电机和减速器后方可确定。因此，电机的选型应从距离负载最近的关节 6 开始，再依次对其余关节电机进行选型计算。

表 5.1　各连杆的参数估计值

连杆序号	1	2	3	4	5	6
连杆重力 W_i/N	0.98	2.94	0.98	2.94	2.94	0.98
连杆质量 m_{Li}/kg	0.1	0.3	0.1	0.3	0.3	0.1
连杆长度 L_i/m	0.08	0.2	0.05	0.2	0.08	0.14

机械臂运动过程中 6 轴联动，属于恒转矩高加速、减速性质，亦是间歇工作制，如图 5.9 所示。设机械臂加速、减速运动时间为 $t_{AC} = t_1 = t_3 = t_5 = t_7 = 0.1\text{s}$，停止时间 $t_4 = t_K = 30\text{s}$。在机械臂以末端最大线速度 v_e 运行的条件下，若仅有单关节转动，则该关节 i 的角速度 ω_i 达到最大。设关节 i 的行程为 $90°$，则其匀速转动时间 $t_{Ci} = t_2 = t_6$ 可由式（5.1）计算：

$$\begin{cases} \omega_i = V_e / L_t \\ \dot{\omega}_i = \omega_i / t_{AC} \\ \theta_{ACi} = \dot{\omega}_i t_{AC}^2 / 2 \\ \theta_{Ci} = \pi / 2 - 2\theta_{ACi} \\ t_{Ci} = \theta_{Ci} / \omega_i \end{cases} \tag{5.1}$$

其中，L_t 为末端到关节 i 的距离，需要根据实际情况确定，一般为部分连杆长度 L_i 的累加；$\dot{\omega}_i$ 是关节 i 的角加速度；θ_{ACi} 为关节 i 的加速行程；θ_{Ci} 为关节 i 的匀速行程。

以关节 6 为例计算关节匀速转动时间 t_{C6}。末端最大线速度为 $v_e = 0.2\text{m/s}$，且由表 5.1 知负载到关节 6 的距离为 L_6，利用式（5.1）能计算出匀速转动时间 $t_{C6} = 0.99\text{s}$。

（2）分析电机受力极限位置

分析机械臂各个关节的受力极限位置是电机合理选型的前提条件。

各个关节的受力极限位置如图 5.10 ～图 5.13 所示。图中 G 表示负载重力，W_i 为连杆 i 的重力，M_i 是关节 i 的重力。

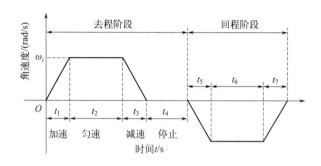

图 5.9　机械臂关节运行过程

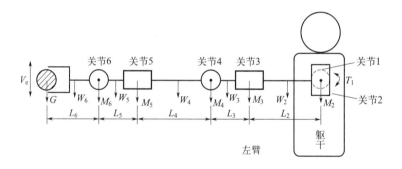

图 5.10　关节 1 的受力极限位置

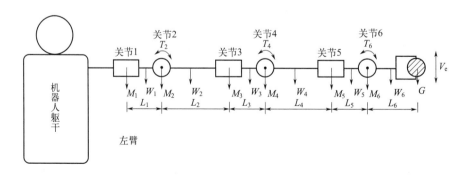

图 5.11　关节 2、4、6 的受力极限位置

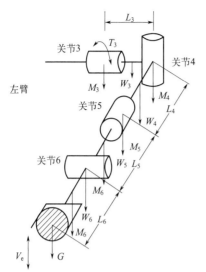

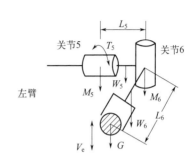

图 **5.12**　关节 3 的受力极限位置　　　图 **5.13**　关节 5 的受力极限位置

（3）等效到电机轴的负载惯量

系统惯量的精确测量较为困难，故机械臂的伺服电机选型一般由传动系统的机械结构来近似计算，即计算出负载、连杆、关节等效到电机轴的转动惯量。根据图 5.10 ～图 5.13 的各个关节受力极限位置，可计算出等效到各个关节的最大负载惯量 J_i。假设额定负载为直径 $d=0.1\text{m}$ 的球体，由球体惯量计算公式：

$$I = \frac{4}{10}m\left(\frac{d}{2}\right)^2 \tag{5.2}$$

计算额定负载的惯量 $I_{mr} = 0.001\text{kg}\cdot\text{m}^2$。机械臂关节为圆柱体，但是在机械臂运动过程中，关节方向时刻变化，故视其为球体计算转动惯量，直径为关节圆柱体的高，取最大值 0.1m，利用式（5.2）可计算关节 i 转动惯量 I_{mi}。连杆为半径 $r=0.03\text{m}$ 的圆柱体，连杆 i 的轴向转动惯量

I_{Lai} 和径向转动惯量 I_{Lri} 可利用圆柱体转动惯量公式计算，即：

$$\begin{cases} I_{Lai} = \dfrac{1}{2} m_{Li} r^2 \\ I_{Lri} = \dfrac{1}{12} m_{Li} \left(3r^2 + L_i^2 \right) \end{cases} \tag{5.3}$$

等效到关节 1 的转动惯量：

$$\begin{aligned} J_1 = m_r \left(\sum_{i=2}^{6} L_i \right)^2 + \sum_{i=3}^{6} \left(m_{Li} \left(\sum_{j=2}^{i-1} L_j + \frac{L_i}{2} \right)^2 + m_{Mi} \left(\sum_{j=2}^{i-1} L_j \right)^2 \right) \\ + m_{L2} \left(\frac{L_2}{2} \right)^2 + \sum_{i=2}^{6} \left(I_{Lri} + I_{mi} \right) + I_{mr} + I_{La1} \end{aligned} \tag{5.4}$$

其中，关节 i 的质量用 m_{Mi} 表示，I_{mi} 为关节 i 的转动惯量，连杆 i 的径向惯量为 I_{Lri}，连杆 i 的质量为 m_{Li}。

等效到关节 2 的转动惯量：

$$\begin{aligned} J_2 = m_r \left(\sum_{i=2}^{6} L_i \right)^2 + \sum_{i=3}^{6} \left(m_{Li} \left(\sum_{j=2}^{i-1} L_j + \frac{L_i}{2} \right)^2 + m_{Mi} \left(\sum_{j=2}^{i-1} L_j \right)^2 \right) \\ + m_{L2} \left(\frac{L_2}{2} \right)^2 + \sum_{i=3}^{6} \left(I_{Lri} + I_{mi} \right) + I_{mr} + I_{Lr2} \end{aligned} \tag{5.5}$$

等效到关节 3 的转动惯量：

$$\begin{aligned} J_3 = m_r \left(\sum_{i=4}^{6} L_i \right)^2 + \sum_{i=5}^{6} \left(m_{Li} \left(\sum_{j=4}^{i-1} L_j + \frac{L_i}{2} \right)^2 + m_{Mi} \left(\sum_{j=4}^{i-1} L_j \right)^2 \right) \\ + m_{L4} \left(\frac{L_4}{2} \right)^2 + \sum_{i=4}^{6} \left(I_{Lri} + I_{mi} \right) + I_{mr} + I_{La3} \end{aligned} \tag{5.6}$$

等效到关节 4 的转动惯量：

$$J_4 = m_r \left(\sum_{i=4}^{6} L_i \right)^2 + \sum_{i=5}^{6} \left(m_{Li} \left(\sum_{j=4}^{i-1} L_j + \frac{L_i}{2} \right)^2 + m_{Mi} \left(\sum_{j=4}^{i-1} L_j \right)^2 \right) \tag{5.7}$$

$$+ m_{L4} \left(\frac{L_4}{2} \right)^2 + \sum_{i=5}^{6} \left(I_{Lri} + I_{mi} \right) + I_{mr} + I_{Lr4}$$

等效到关节 5 的转动惯量：

$$J_5 = m_r L_6^2 + m_{L6} \left(\frac{L_6}{2} \right)^2 + I_{mr} + I_{Lr6} + I_{m6} + I_{La5} \tag{5.8}$$

等效到关节 6 的转动惯量：

$$J_6 = m_r L_6^2 + m_{L6} \left(\frac{L_6}{2} \right)^2 + I_{mr} + I_{Lr6} \tag{5.9}$$

利用式（5.10）将各关节转动惯量（$J_1, \cdots, J_6$）折算到对应的电机轴上：

$$J_{ai} = \frac{J_i}{\eta \cdot i_i^2} \tag{5.10}$$

其中，J_{ai} 表示关节 i 电机轴上的等效惯量，i_i 为关节 i 中减速器的传动比。一般而言，传动比可参照同类机构预先选定，本机械臂设计采用机构紧凑、传动比较高的谐波减速器，其机械传动效率 η 取 0.9。

以关节 6 的电机轴上等效惯量计算为例，预定传动比 $i_6 = 100$，可通过式（5.9）和式（5.10）计算得转动惯量 $J_{a6} = 2.37 \times 10^{-6} \mathrm{kg} \cdot \mathrm{m}^2$。关节 5 的电机轴上等效惯量需要待关节 6 的伺服电机和减速器型号确定后，利用式（5.8）和式（5.10）计算。其余关节电机轴上等效惯量依次逆序计算。

（4）等效到电机轴的转速

由式（5.1）易知关节 i 的最大角速度 ω_i，其对应的转速 n_i 和等效到

电机轴的转速 n_{ai} 计算式为:

$$\begin{cases} n_i = 60\omega_i / 2\pi \\ \quad n_{ai} = n_i i_i \end{cases} \tag{5.11}$$

以等效到关节 6 电机轴的转速计算为例,由式(5.11)可得其电机轴转速 $n_{a6} = 1365\text{r} / \min$。其余各轴转速均可由式(5.11)计算。

(5)等效到电机轴的负载转矩

根据图 5.10～图 5.13 的关节受力极限位置,可计算出各个关节的最大转矩 T_i。

关节 1 的最大转矩 T_1 为:

$$T_1 = G\sum_{i=2}^{6} L_i + \sum_{i=3}^{6}\left(W_i\left(\sum_{j=2}^{i-1} L_j + \frac{L_i}{2}\right) + M_i \sum_{j=2}^{i-1} L_j \right) + W_2 L_2 / 2 \tag{5.12}$$

其中,G 为额定负载重力,W_i 表示连杆 i 的重力,M_i 为关节 i 的重力。

关节 2 的最大转矩 T_2 与关节 1 最大转矩相同,即:

$$T_2 = T_1 \tag{5.13}$$

关节 3 的最大转矩 T_3 为:

$$T_3 = G\sum_{i=4}^{6} L_i + \sum_{i=5}^{6}\left(W_i\left(\sum_{j=4}^{i-1} L_j + \frac{L_i}{2}\right) + M_i \sum_{j=4}^{i-1} L_j \right) + W_4 L_4 / 2 \tag{5.14}$$

关节 4 的最大转矩 T_4 与关节 3 最大转矩相同,即:

$$T_4 = T_3 \tag{5.15}$$

关节 5 的最大转矩 T_5 为:

$$T_5 = GL_6 + W_6 L_6 / 2 \tag{5.16}$$

关节 6 的最大转矩 T_6 与关节 5 最大转矩相同，即：

$$T_6 = T_5 \tag{5.17}$$

各关节最大转矩 T_i 等效到电机轴上转矩 T_{ai} 的计算式为：

$$T_{ai} = \frac{T_i}{\eta \cdot i_i} \tag{5.18}$$

各关节电机轴上的瞬时峰值转矩 T_{pai} 为：

$$T_{pai} = J_{ai} \frac{n_{ai}}{t_{AC}} + T_{ai} \tag{5.19}$$

各关节电机的有效转矩 T_{rmsi} 为：

$$T_{rmsi} = \left(\frac{T_{pai}^2 t_1 + T_{ai}^2 t_2 + T_{pai}^2 t_3 + T_{ai}^2 t_4 + T_{pai}^2 t_5 + T_{ai}^2 t_6 + T_{pai}^2 t_7}{\sum_{i=1}^{7} t_i} \right)^{1/2} \tag{5.20}$$

以关节 6 的电机等效转矩计算为例，根据式（5.17）～式（5.20）可计算得等效到电机轴的最大转矩 $T_{a6} = 0.016 \mathrm{N \cdot m}$，瞬时峰值转矩 $T_{pa6} = 0.048 \mathrm{N \cdot m}$，有效转矩 $T_{rms6} = 0.017 \mathrm{N \cdot m}$。其余关节电机等效转矩计算方法类似。

（6）等效到电机轴的负载功率

等效到关节 i 电机轴的功率 P_{ai} 计算式为：

$$P_{ai} = \frac{1000 T_{ai} n_{ai}}{9549} \tag{5.21}$$

以关节 6 的电机轴功率计算为例，由式（5.21）易得 $P_{a6} = 2.29 \mathrm{W}$。

（7）选定电机并校核

考虑到机械臂结构应尽量紧凑，并根据上述计算结果，本书初步选用瑞士 MAXON 公司生产的直流有刷系列伺服电机和江苏绿的公司生产的 LCD 超扁平系列谐波减速器，如图 5.14 所示，所选型号和特征参数如表 5.2 和表 5.3 所示。

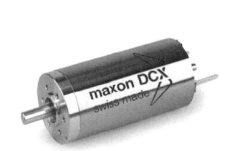

图 5.14　直流有刷电机和谐波减速器

表 5.2　关节电机特征参数

关节序号	1	2	3	4	5	6
电机型号	RE40	RE40	DCX35L	DCX35L	RE25	RE25
质量 /g	495	495	400	400	130	130
额定功率 /W	150	150	80	80	20	20
额定电压 /V	24	24	24	24	24	24
额定电流 /A	6	6	4.26	4.26	1.5	1.5
额定转矩 /(mN·m)	177	177	121	121	30.4	30.4
额定转速 /(r/min)	6940	6940	7160	7160	9690	9690

表 5.3 各关节谐波减速器特征参数

关节序号	1	2	3	4	5	6
型号	LCD20	LCD20	LCD14	LCD17	LCD14	LCD14
质量 /g	680	680	560	480	560	560
减速比	160	160	100	120	100	100
启停最大转矩 /（N·m）	61	61	18	43	18	18
瞬时最大转矩 /（N·m）	90	90	33	72	33	33

为校核所选伺服电机是否满足使用要求，需要对其进行惯量匹配、转速匹配、转矩匹配和功率匹配，伺服电机满足所有匹配条件方可使用。

等效到电机轴上的负载惯量大小直接影响伺服系统的精度、稳定性和动态响应特性。因此，需要对所选电机进行惯量匹配，以保证机械臂有较高的运动精度和快速响应性。一般而言，当电机轴上负载 J_{ai} 与电机惯量 J_{mi} 之比大于 5 时，伺服电机转子灵敏度会受到影响，故惯量比应满足：

$$1 \leqslant \frac{J_{ai}}{J_{mi}} \leqslant 5 \tag{5.22}$$

各关节电机惯量匹配结果如表 5.4 所示。

表 5.4 电机选型之惯量匹配 　　　　　　　　　　　　单位：kg·m²

关节序号	1	2	3	4	5	6
额定负载惯量 J_{ai}	6.06×10^{-5}	4.46×10^{-5}	3.34×10^{-5}	2.31×10^{-5}	2.47×10^{-6}	2.37×10^{-6}
电机惯量 J_{mi}	1.42×10^{-5}	1.42×10^{-5}	9.66×10^{-6}	9.66×10^{-6}	1.47×10^{-6}	1.47×10^{-6}
惯量比 J_{ai}/J_{mi}	4.27	3.14	3.46	2.39	1.68	1.61
惯量匹配	匹配	匹配	匹配	匹配	匹配	匹配

等效到各关节的电机最大行程转速 n_{ai} 应不大于电机的额定转速

n_{mi}，即：

$$n_{ai} \leqslant n_{mi} \tag{5.23}$$

伺服电机转速匹配结果如表 5.5 所示。

表 5.5　电机选型之转速匹配　　　　　　　　单位：r/min

关节序号	1	2	3	4	5	6
最大行程转速 n_{ai}	408	457	455	546	1365	1365
电机额定转速 n_{mi}	6940	6940	7160	7160	9690	9690
转速匹配	匹配	匹配	匹配	匹配	匹配	匹配

　　关节伺服电机的转矩匹配一般包含额定转矩匹配、峰值转矩匹配和有效转矩匹配。在关节最大受力位置条件下，等效到电机轴的额定负载转矩 T_{ai} 应不大于所选伺服电机的额定转矩 T_{mi}。考虑到关节电机启停过程中的短时特性，等效到电机轴的负载瞬时峰值转矩 T_{pai} 应小于电机的峰值转矩 T_{pmi}。机械臂在作业过程中需要频繁启停，为避免伺服电机过热，有必要计算单周期内电机转矩的均方根值，即有效转矩 T_{rmsi}，使其小于电机额定转矩 T_{mi}。上述转矩匹配可用如下不等关系表述：

$$\begin{cases} T_{ai} \leqslant T_{mi} \\ T_{pai} < T_{pmi} \\ T_{rmsi} < T_{mi} \end{cases} \tag{5.24}$$

伺服电机的转矩匹配结果如表 5.6 所示。

表 5.6　电机选型之转矩匹配　　　　　　　　单位：N·m

关节序号	1	2	3	4	5	6
额定负载转矩 T_{ai}	0.173	0.140	0.098	0.082	0.016	0.016
负载瞬时峰值转矩 T_{pai}	0.420	0.344	0.250	0.208	0.050	0.048
额定负载有效转矩 T_{rmsi}	0.177	0.143	0.101	0.084	0.017	0.017

续表

关节序号	1	2	3	4	5	6
电机额定转矩 T_{mi}	0.177	0.177	0.121	0.121	0.030	0.030
电机峰值转矩 T_{pmi}	2.420	2.420	2.030	2.030	0.325	0.325
转矩匹配	匹配	匹配	匹配	匹配	匹配	匹配

为保证机器人安全，面向室内生活、工作场景的仿人服务机器人在作业时其机械臂处于低速运动状态，最大负载功率 P_{ai} 通常低于电机额定功率 P_{mi}，其功能匹配结果如表 5.7 所示。

表 5.7　电机选型之功率匹配　　　　　　　单位：W

关节序号	1	2	3	4	5	6
最大负载功率 P_{ai}	7.38	6.68	4.67	4.67	2.29	2.29
电机额定功率 P_{mi}	150	150	80	80	20	20
功率匹配	匹配	匹配	匹配	匹配	匹配	匹配

由上述计算结果可知，所预选电机和减速器满足设计要求。

伺服电机编码器是安装在伺服电机上用于测量磁极位置、伺服电机转角和转速的一种传感器。本书选用与关节电机配套的 HEDL-5540 型 500 线增量式编码器以实现电机轴角位移和旋转位置的精确测量，电机轴旋转位置为：

$$\theta° = \text{EdgeCounts}/(xN) \times 360° \tag{5.25}$$

其中，x 为编码倍数，默认为 4，N 为电机每转产生的脉冲数。

为了实现高精度的传动系统定位，并考虑到机械臂关节空间较为狭小，本书选用以色列 Elmo 公司研制的 Glod Twitter 系列 G-TWI10/100SE 型伺服驱动器，如图 5.15 所示。该伺服驱动器质量 18.6g，尺寸仅 35mm×30mm×11.5mm，轻便小巧，易于安装，便于后续机械臂关节的模块化设计。同时，伺服驱动器最大连续输出功率为 805W，可通过位置、速度和力矩反馈中的任意两种方式对伺服电机进行双路反馈全闭环控制，并提供了 RS232 和 CANOpen 通信接口，本书采用 CANOpen 通信协议。

本书采用 STM32F405 主控板作为机械臂运动控制器，如图 5.16 所示。该运动控制器时钟频率高达 168MHz，具有高速处理能力，板载外设丰富，有 15 个通信接口、17 个定时器、2 个 12 位 DAC 和 3 个 12 位 ADC 等。此外，为满足大量数据存储需求，主控板自带 1MB Flash 和 192KB SRAM，并可外扩 16MB Flash 和 1MB SRAM。STM32F405 控制板通过 RS232 接口与计算机交换数据，由 CAN 总线与双机械臂的 12 个伺服控制单元进行通信并实现控制。

图 5.15　Glod Twitter 伺服驱动器　　　图 5.16　机械臂运动控制器

5.3.4　机械臂控制系统架构

机械臂的每个关节都可看作是一个伺服控制单元，所以其控制系统采用分布式控制方式，如图 5.17 所示。分布式控制系统也称集散控制系统，采用分散控制集中管理的设计思想，由多个底层控制器分别产生多个闭环回路，同时顶层实现数据集中获取、系统集中管理和集中控制的功能[153,154]。机械臂控制系统由顶层运动控制层、中层控制协调层和底层关节控制层组成。运动规划层完成路径规划并添加时间和速度约束，生成运动轨迹指令，再由 RS232 串口传输到机械臂运动控制器。控制协调层接收顶层传输的运动轨迹指令并通过 CAN 总线转发给底层各个关节伺服控制单元，同时，接收下位机上传的关节位置、速度和电机电流等状态信息。当电机电流大于设定值时，认为机械臂负载超过额定值，停止机械臂运动。关节控制层由左右机械臂各关节伺服控制单元组成，负责接收上位机指令，控制关节按照要求完成指定动作，并将位置、速度和电流等状态信息反馈给上位机。

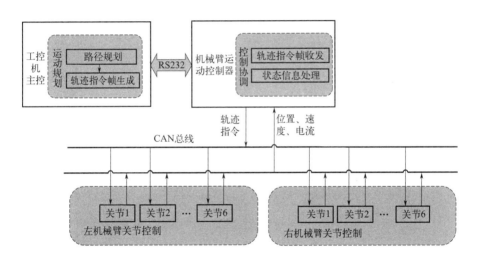

图 5.17　机械臂控制系统总体框图

机械系统特性和控制系统特性决定机械臂系统性能的好坏，其中控制系统特性又受硬件性能和控制策略的影响。基于 PID 的轨迹跟踪控制策略，具有结构简单、适应性强和可靠性高等特点，在工业生产和机器人控制领域中有着广泛应用。本书研制的机械臂关节伺服控制单元采用

位置外环和速度内环的双闭环回路控制策略，能够对各个关节电机进行
位置和速度控制，使机械臂成为位置和速度随动系统，如图 5.18 所示。

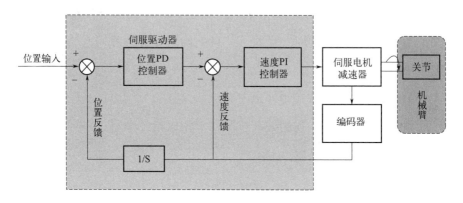

图 **5.18**　关节伺服控制单元 **PID** 控制框图

5.4　服务机器人抓取系统设计与构建

5.4.1　抓取系统总体设计

仿人服务机器人抓取系统以开源机器人操作系统（Robot Operating
System，ROS）为基本框架，主要采用运动规划功能包 MoveIt 进行抓
取系统的开发。抓取系统的通信机制以松耦合分布式点对点通信为主。
此外，ROS 的灵活性、代码复用性和扩展性非常强，ROS 社区中有着
丰富的功能包可作为插件使用。MoveIt 是 ROS 社区中一款易于使用、
功能强大、集成度高的机械臂运动规划开发平台。MoveIt 的三大核心
功能分别为运动学解算、运动规划、碰撞检测，并且为了方便更换不同
的外部函数库，MoveIt 提供了相应的外部插件接口。

　　服务机器人抓取系统框架如图 5.19 所示。传感器 Kinect 采集外部环境信息，并将 RGB 图像信息、深度信息、三维点云信息传输到抓取系统内部，配合机器人仿真模型构建规划场景，再将规划场景信息传输到 MoveIt 用于之后的运动规划。用户或者上位机可通过 C++、Python、GUI 等方式与抓取系统进行交互，如给定抓取目标或接收规划过程中的反馈信息等。MoveIt 接收到目标抓取指令后，可利用外部插件（诸如 MoveIt_simple_grasps 等功能包）生成末端执行器的目标抓取位姿，并由运动学解算器计算机械臂运动学逆解。基于运动学逆解结果，MoveIt 利用开源运动规划库 OMPL 进行机械臂的避障规划。与此同时，采用柔性碰撞检测库（Flexible Collision Library，FCL）为运动规划提供碰撞检测结果。MoveIt 将规划好的机械臂运动轨迹信息同时传送至仿真机械臂和实体机械臂，使二者同步进行避障抓取，机械臂运动状态信息会实时反馈回 MoveIt。

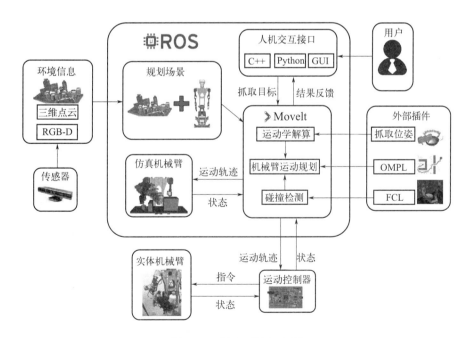

图 5.19　抓取系统框架图

5.4.2　抓取系统的构建

本书基于 MoveIt 完成抓取系统的构建。MoveIt 本身不具备丰富的功能，主要作用是为各种独立功能包的集成提供框架和插件接口，其插件机制如图 5.20 所示。MoveIt 的核心部分为 move_group，在 ROS 中以节点的形式加载，move_group 节点可以通过动作指令 action 和话题 topic 的方式与机器人进行信息交互，例如传输运动规划轨迹、点云信息、关节状态消息、TF 坐标变换信息等。MoveIt 还为用户提供一系列动作指令 action 和服务 service 以便于使用各种功能包插件，如图 5.21 所示。机器人模型和相关运动学参数由 ROS 参数服务器为 move_group 节点提供。

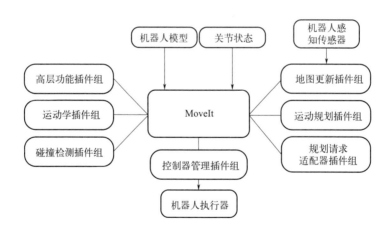

图 5.20　MoveIt 的插件机制

在进行运动规划前需要导入机器人模型文件和相关配置文件。机器人模型信息包含在 URDF 文件中，可利用 SolidWorks 中 SW2URDF 插件将仿人服务机器人模型导出为 URDF 文件。通过 moveit_setup_ assistant 工具定义机器人模型的配置信息，如规划组、预定义位姿等，生成 SRDF 文件。Config 文件中保存有关节限位、最大速度 / 加速度限制、相关插件配置等信息。URDF 文件、SRDF 文件、Config 文件信息均保存在 ROS 参数服务器中，以供 move_group 节点调用。

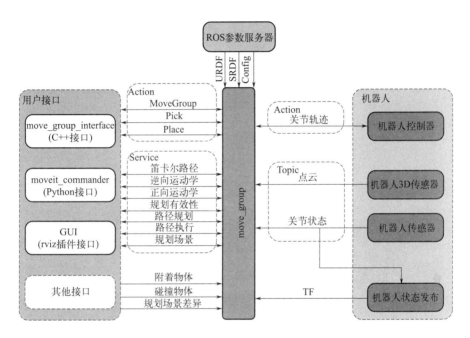

图 5.21　**MoveIt 核心节点 move_group**

　　地图更新组件是构建机器人规划场景的重要部分。RGB-D 相机采集的点云信息虽然细节丰富，但是占用大量的存储空间，并且会使碰撞检测的计算成本大幅提高。为克服此不足并使机械臂在运动规划过程中避开真实世界中的障碍物，本书采用 MoveIt 集成的 Octomap Server 插件将传感器实时采集到的环境点云信息转化为八叉树地图，并去除 RGB 信息进一步提升实时性，如图 5.22 所示，依据贝叶斯准则将所构建的环境地图导入到 MoveIt 规划场景中，并不断实时更新，如图 5.23 所示。

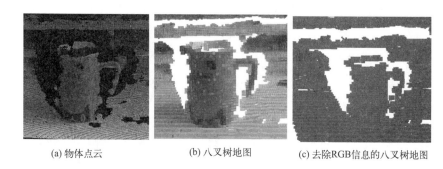

(a) 物体点云　　　　　(b) 八叉树地图　　　　(c) 去除RGB信息的八叉树地图

图 5.22　物体点云转换为八叉树地图

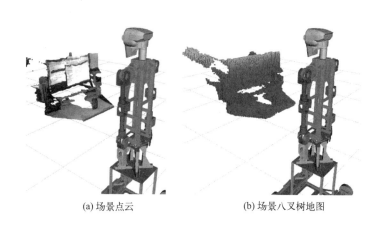

(a) 场景点云　　　　　　　　(b) 场景八叉树地图

图 5.23　规划场景点云转换为八叉树地图

MoveIt 默认的碰撞检测插件为开源碰撞检测库 FCL。FCL 除了提供基本几何形状和点云信息等碰撞检测功能外，还具备距离计算、公差验证、动态障碍物的碰撞检测等功能。在机械臂碰撞检测过程中，FCL 采用圆柱体等基本形状对机械臂进行包络以减少存储空间、提升检测速度，再调用 AABB 层次包围树模块进行分块存储，最后对其进行碰撞检测。

运动学插件组中较为常用的逆解库为 KDL 库、Track-IK 库、IKFast 库。KDL 库易用性强，但是失败率高、效率低；Track-IK 库求解成功率高，但是不稳定；IKFast 库成功率高、求解稳定，但是仅适用于存在解析解的机械臂，并且需要对多解优化。因此，本书基于第 2 章中提出的 HIIKA 方法创建运动学求解功能包，并将其作为插件注册到 pluginlib 中，从而实现该功能包的动态加载。

运动规划插件组是 MoveIt 的核心部分，默认采用 OMPL 库进行运动规划。OMPL 库中包含多种基于随机采样的运动规划算法，例如 RRT、PRM、FMT* 等。因此，它适用于具有复杂约束条件的高维运动规划问题。此外，OMPL 定义了抽象的位形空间，所有运动规划都能够在位形空间中进行，与多自由度机械臂的运动规划空间类型一致。本书所提出的路径规划算法均基于 OMPL 库开发，在几何规划 Geometric planners 类下，算法文件编译后作为 OMPL 中的独立运动规划模块可直接加载到 MoveIt 中，以供用户选择使用，并且对比实验方法也直接在 OMPL 中选用。

运动规划插件组给出一条可行的机械臂运动路径，但是此路径不包含时间、速度、加速度等信息。规划请求适配器插件组可对规划路径进行后处理，其中的 Add Time Parameterization 模块为每个机械臂运动路径点添加时间、速度、加速度约束，输出一条鲁棒性较高的机械臂运动轨迹。

MoveIt 通过控制管理插件组实现对真实机械臂的控制，使用 Simple Controller Manager 插件提供的 Follow Joint Trajectory 接口与机械臂底层控制器对接。在机械臂底层控制器中创建基于 action server 的关节轨迹控制器 Joint Trajectory Action Controller 以实现对机械臂规划轨迹信息的接收和处理，并向上位机发布各个关节的实时状态，具体框架如图 5.24 所示。

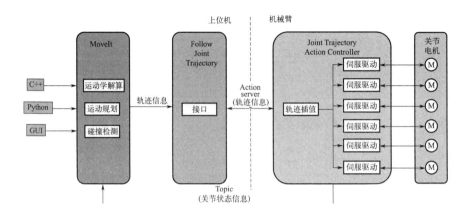

图 5.24　基于 MoveIt 的控制框架

5.5　服务机器人取放实验

根据规划环境中障碍物的信息是否有变动，本节以仿人服务机器人为实验平台进行取放实验，即以 IAFMT* 方法为主的机器人静态规划取放实验和以高斯随机动态规划方法为主的机器人动态规划取放实验。所有测试方法依然以开源运动规划库 OMPL v1.40 为基础，并在配置为 2.3GHz 主频 Intel Core i7-3610QE 中央处理器和 8GB 内存的机器人核心工控机上运行。

5.5.1　静态规划取放实验设置

为测试 IAFMT* 方法在静态规划取放实验中的性能，该节机械臂静态规划取放实验 1、2 均采用 PRM* 方法、Informed RRT* 方法和 FMT*

方法进行对比实验。为方便表示，图表中 I-RRT* 表示 Informed RRT* 方法。由于末端执行器为二指夹爪，其最大开合行程为 150mm，抓取物品为常见的 500mL 饮料瓶和长条状面包，故设置机械臂末端执行器的位置精度为 0.01m，姿态精度为 0.1rad 能够满足实际抓取要求。设置 PRM* 方法和 Informed RRT* 方法的参数为 OMPL 默认值。FMT* 方法和 IAFMT* 方法的搜索半径为 $r_n = 1.1$。每种方法进行 30 次路径规划实验。设定实验的代价值阈值为零以测试所有方法规划高质量路径的能力。

　机械臂静态规划取放实验 1 如图 5.25 所示，机械臂在取放的过程中包含四个阶段，分别为拾取阶段、夹持阶段、放置阶段和复位阶段。拾取阶段和复位阶段的规划时间 t_{given} 设定为 5s，夹持阶段和放置阶段的规划时间设定为 1s，机械臂取放路径规划总用时 12s。FMT* 方法的随机采样数取值范围为 1000 ~ 10000，IAFMT* 方法的初始采样数 n 在取放实验的 4 个阶段中均为 1000。

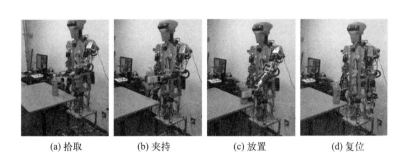

(a) 拾取　　　　(b) 夹持　　　　(c) 放置　　　　(d) 复位

图 5.25　基于 IAFMT* 方法的机械臂静态规划取放实验 1

　机械臂静态规划取放实验 2 如图 5.26 所示，其取放过程同样包含拾取阶段、夹持阶段、放置阶段和复位阶段。拾取阶段和复位阶段的规划时间 t_{given} 设定为 3s，夹持阶段和放置阶段的规划时间设定为 1s，机械臂取放路径规划总用时 8s。FMT* 方法的随机采样数取值范围为 1000 ～ 10000，IAFMT* 方法的初始采样数 n 为 1000。路径规划是否成功的判定标准与静态规划取放实验 1 一致。

图 5.26　基于 IAFMT* 方法的机械臂静态规划取放实验 2

5.5.2　静态规划取放实验结果与讨论

取放实验中所有规划方法要生成 4 条可行路径，即在拾取阶段、夹持阶段、放置阶段和复位阶段各生成一条可行路径，若其中任意一个阶段的路径规划失败，则认为取放实验的路径规划失败。

机械臂静态路径规划取放实验结果如表 5.8 所示。相比于取放实验 1 中的结果，4 种测试方法的机械臂静态路径规划成功率在取放实验 2 中均有所降低。这是因为取放实验 2 中的规划场景比取放实验 1 中的规划场景更为复杂，并且取放实验 2 中所设置的规划时间仅为取放实验 1 规划时间的三分之二。此外，IAFMT* 方法的总体规划成功率最高。在取放实验 1 中，IAFMT* 方法的规划成功率为 86.67%，高于 PRM* 方法 3.34%、高于 Informed RRT* 方法 23.34%、高于 FMT* 方法 16.67%；在取放实验 2 中，IAFMT* 方法的规划成功率为 80.00%，高于 PRM* 方法 10%、高于 Informed RRT* 方法 23.33%、高于 FMT* 方法 30%。RPM* 方法的规划成功率仅次于 IAFMT* 方法，Infomed RRT* 方法和 FMT* 方法的规划成功率与 IAFMT* 方法差距较大。尽管实验平台的计算性能一般，但是 IAFMT* 方法凭借自身规划速度快和自适应强的特点仍然可以达到较高的收敛率。相比于取放实验 1，在规划环境更为复杂、规划条件更为严格的取放实验 2 中，IAFMT* 方法的规划成功率仅下降了 6.67%。而 FMT* 方法的规划成功率下降最为明显，下降了 20.00%。这是由于 FMT* 方法的采样点规模无法自适应调节，必须依赖人工调试才能获得较好的规划效果，然而这会导致时间成本和人工成本的提高。

表 5.8　机械臂静态规划取放实验结果

测试方法	规划成功率 /%	
	取放实验 1	取放实验 2
PRM*	83.33	70.00
I-RRT*	63.33	56.67
FMT*	70.00	50.00
IAFMT*	86.67	80.00

机械臂静态规划取放实验 1 中各个阶段的路径规划成功率如图 5.27 所示。因为在取放实验 1 的拾取阶段和复位阶段中，规划方法需要令机械臂到达取放位姿，同时避开桌面且不与目标物碰撞，而在夹持阶段和放置阶段中，规划方法仅需保证机械臂和所夹持的目标物体不与桌面碰撞即可，所以拾取阶段和复位阶段的总体规划成功率低于夹持阶段和放置阶段的总体规划成功率。在 4 个规划阶段中，IAFMT* 方法的规划成功率均超过 90%，PRM* 方法的规划成功率至

少为 90%，体现出此两种方法良好的自适应性。Informed RRT* 方法在较为困难的拾取阶段和复位阶段规划成功率低，在较为容易的夹持阶段和放置阶段规划成功率高。FMT* 方法在 4 个阶段中的规划成功率保持在 90% 上下。值得注意的是，在较为容易的夹持阶段和放置阶段中，FMT* 方法的规划成功率明显低于其他三种方法，这是由于此两个阶段的规划时间设置为 1s，当采样点数量设置较大时，FMT* 方法所生成的搜索树生长缓慢，1s 的规划时间不足以令其完成任务。

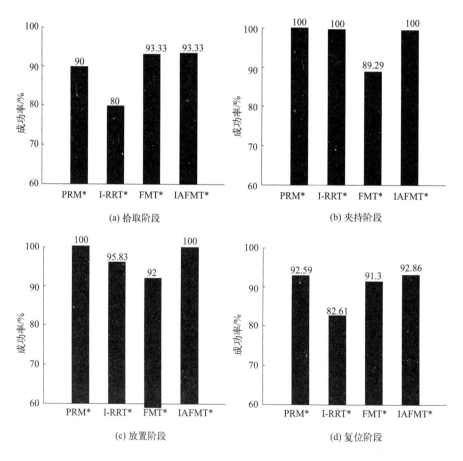

图 5.27　机械臂静态规划取放实验 1 各阶段规划成功率

机械臂静态规划取放实验 2 中各个阶段的路径规划成功率如图 5.28 所示。取放实验 2 中规划场景较为复杂，测试方法所给出的规划路径需要令机械臂和所夹持物体避开桌面及桌面上的诸多障碍物，并完成目标物品的取放任务。此外，拾取阶段和复位阶段的规划时间由 5s 降至 3s，夹持阶段和放置阶段的规划时间虽然仍为 1s，但是夹持阶段的规划难度有提升。总体而言，取放实验 2 比取放实验 1 更有挑战。由图 5.28 可知，IAFMT* 方法在 4 个阶段中的规划成功率至少为 90%，各个阶段的规划成功率均高于其余 3 种测试方法。由于 IAFMT* 方法的规划策略是先利用惰性搜索和增量搜索快速、自适应地规划出可行路径，再以此为基础，在有限的剩余时间内不断优化现有规划路径使其趋于最优。因此，该方法能在很短的时间内规划出可行路径，并对规划任务、规划环境和规划时间变化的情况，具有较高的规划成功率和自适应性。取放实验 1 和取放实验 2 的实验结果均验证了上述结论。

机械臂静态规划取放实验的规划路径代价值如图 5.29 和图 5.30 所示，可显示出测试方法在给定时间内规划出高质量路径的能力。由上述两图可知，FMT* 方法和 IAFMT* 方法给出的机械臂运动路径代价值明显小于 PRM* 方法和 Informed RRT* 方法给出的路径代价值，表明 FMT* 方法和 IAFMT* 方法均具备输出高质量规划路径的能力。虽然 FMT* 方法与 IAFMT* 方法给出的路径代价值中位数和均值都差距不大，且互有优劣，但是从图 5.29（a）和图 5.30（a）来看，在取放实验 1 和取放实验 2 中，IAFMT* 方法输出的规划路径其代价值数据更为集中、紧凑，这证明 IAFMT* 方法能够稳定地输出代价值更小的高质量规划路径。

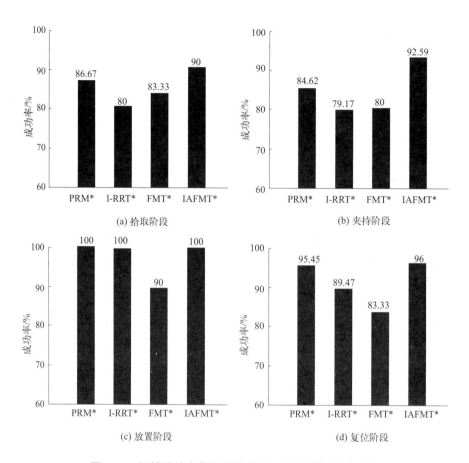

图 5.28　机械臂静态规划取放实验 2 各阶段规划成功率

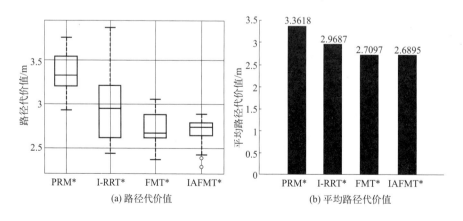

图 5.29　机械臂静态规划取放实验 1 结果

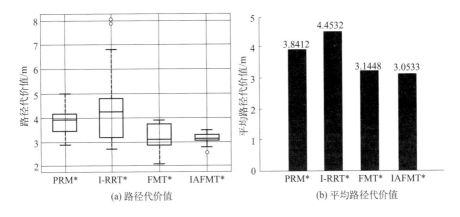

图 5.30　机械臂静态规划取放实验 2 结果

　　上述实验结果表明，在实际应用中，IAFMT* 方法在规划成功率、自适应性、规划路径质量、规划稳定性等方面均有良好的表现，同时也验证了所设计研制的机械臂系统和所构建的抓取系统的可行性和有效性。

5.5.3　动态规划取放实验设置

　　在服务机器人取放实验中，应用高斯随机动态规划方法进行动态避障路径规划，并与经典的 RRT 方法和较新的 FMT* 方法进行对比。设置高斯随机动态规划方法的参数 σ_f 为 0.9 倍的关节运动范围，参数 σ_l 为 0.5，每次规划生成随机路径 5000 组，设定每条随机路径的高斯稀疏采样点为 10 个，两个高斯稀疏采样点间的密集点碰撞检测采用 OMPL 默认配置。对比实验中的所有方法使用 OMPL 算法库中默认参数设置。取放实验中，每种方法重复运行 30 次。设置机械臂末端执行器位置精度为 0.01m、姿态精度为 0.1rad，抓取物品为 500mL 可乐瓶，所设置的位姿精度能满足抓取要求。所有实验的全局路径均由 IAFMT*

方法规划提供。

机器人动态取放实验如图 5.31～图 5.33 所示。在复杂静态环境中，机械臂依照全局路径抓取桌面上的瓶子，越过障碍，并放置到桌面的另一个位置，如图 5.31 所示。以机器人底盘坐标系为参考，机械臂末端执行器抓取瓶子的位置坐标为 [0.5094，0.1048，1.0945]、姿态四元数为 [0，0，0，1]，末端执行器放置瓶子的位置坐标为 [0.5034，0.3441，1.0945]、姿态四元数为 [0，0，0，1]。机械臂动态避障取放实验 1 如图 5.32 所示，当机械臂抓取瓶子时，在原障碍物上叠加另外的障碍物，故局部路径需要快速重新规划而使机械臂实现动态避障。机械臂动态避障取放实验 2 如图 5.33 所示，在机械臂沿着全局路径执行取放任务过程中，动态地更换场景中障碍物，高斯随机动态规划方法高效地重规划出一条冗余量较小的局部路径令机械臂躲避障碍。

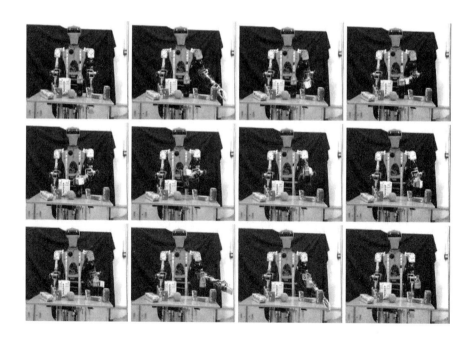

图 5.31　静态环境中机械臂取放实验

图 **5.32**　基于高斯随机动态规划方法的机械臂动态避障取放实验 **1**

5.5.4　动态规划取放实验结果与讨论

　　机械臂动态避障取放实验结果如表 5.9 所示。对于需要动态避障的机械臂而言，首先应该考虑失效路段局部路径的规划效率，局部路径规划方法运算时间越短，机械臂的响应越快，更有利于机械臂动态地避开障碍物。此外，规划方法还应兼顾局部规划路径的质量、稳定性，以及规划成功率。在取放实验 1、2 中，高斯随机动态规划方法的平均运算时间最短，规划效率最高，相比于其他测试方法提升 70% 以上。同时，高斯随机动态规划方法输出的局部路径具有质量较高、冗余量少的特点，其平均局部路径代价值远低于 RRT 方法，略高于 FMT* 方法。在所有实验中，高斯随机动态规划方法的总体局部规划成功率达到 86.67%。上述实验结果验证了高斯随机动态规划方法在实际应用中的可行性和有效性。

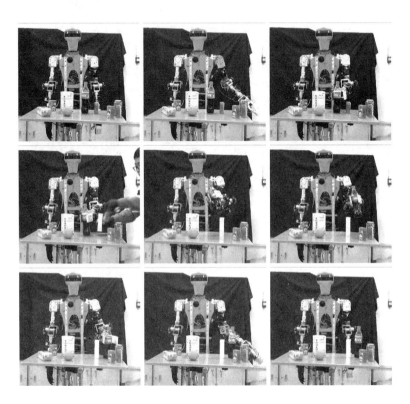

图 5.33　基于高斯随机动态规划方法的机械臂动态避障取放实验 2

表 5.9　机械臂动态避障取放实验结果

实验名称	算法	平均运算时间 /s	平均局部路径代价值 /m	成功率
取放实验 1	RRT	1.93	1.3218	21/30
	FMT*	0.51	0.9778	26/30
	GRDP	0.14	1.0014	25/30

续表

实验名称	算法	平均运算时间 /s	平均局部路径代价值 /m	成功率
取放实验 2	RRT	1.83	1.1750	23/30
	FMT*	0.47	0.876	27/30
	GRDP	0.13	0.910	27/30

机械臂动态避障局部路径重规划时间和路径代价值如图 5.34 和图 5.35 所示。经典的 RRT 方法由于搜索树生长范围大、生长方向随机性强，导致该方法的规划效果非常不稳定，其局部规划的时间箱型图和路径代价值箱型图显示出数据波动程度较大的特点，且中位数线均高于 FMT* 方法和高斯随机动态规划方法，故 RRT 方法在动态避障取放实验中表现不佳。FMT* 方法生成的搜索树从起点均匀向四周生长，且该方法采用惰性搜索技术，所以其搜索树呈圆盘状快速、稳定地扩散生长，直至覆盖到目标点，找到可行路径为止。因此，FMT* 方法的局部规划时间箱型图较窄，即数据波动程度较小，且中位数线低于 RRT 方法。此外，由于 FMT* 方法采样点的采样方式为随机均布采样，每次规划的局部路径也具有一定随机性，所以其局部规划路径代价值在一定范围内波动。与 RRT 方法和 FMT* 方法不同，高斯随机动态规划方法不会在局部规划空间内生成规模庞大的搜索树，而是在局部失效路段的起点和终点间生成有限条由稀疏点构成的局部路径，再通过延时叠加碰撞检测策略筛选出代价值最小的局部可行路径。因此，如图 5.34 所示，从整体上看，高斯随机动态规划方法的局部规划时间低于 RRT 方法和 FMT* 方法，其很窄的箱型宽度说明该方法的局部规划用时十分稳定。如图 5.35 所示，高斯随机动态规划方法输出的局部路径代价值低于 RRT 方法，略高于 FMT* 方法，数据波动程度与 FMT* 方法相差不大，这是因为高斯随机动态规划方法基于高斯过程回

归生成局部路径，其局部路径分布不仅满足高斯分布，同时具有一定的随机性，由于在高斯过程回归中选用二次指数核函数，所生成的局部路径较为平滑，故其代价值略高。在机械臂动态避障取放实验 1、2 中，高斯随机动态规划方法给出的机械臂局部路径关节轨迹如图 5.36 和图 5.37 所示，图中各关节轨迹较为平滑，验证了高斯随机动态规划方法生成的局部路径和关节轨迹具有平滑性的特点。

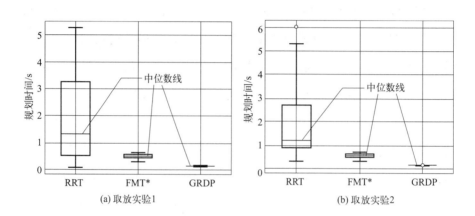

图 5.34　动态路径规划实验中各测试方法的局部重规划时间

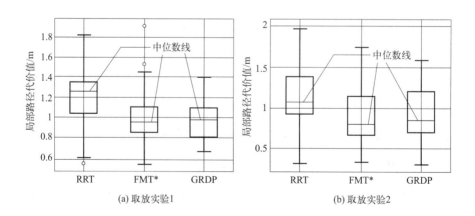

图 5.35　动态路径规划实验中各测试方法的局部重规划路径代价值

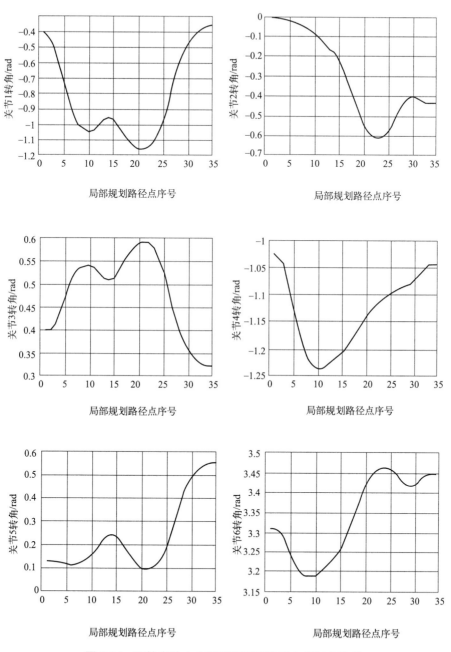

图 5.36　取放实验 1 中基于高斯随机动态规划方法的

机械臂局部路径规划关节轨迹

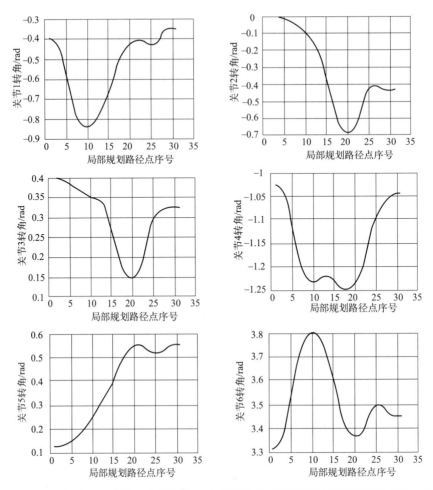

图 5.37 取放实验 2 中基于高斯随机动态规划方法的机械臂局部路径规划关节轨迹

5.6 本章小结

本章设计开发非球型手腕 6 自由度串联机械臂系统，测试前文提出的静态、动态路径规划方法。首先，简述仿人服务机器人的整体结构和控制系统，再设计开发服务机器人 6 自由度串联机械臂系统，包括需求分析、机械结构设计、硬件选型和控制系统设计等。此外，本章还设计构建了服务机器人抓取系统。在此基础上，开展一系列仿人服务机器人取放实验，证明本书提出的静态、动态路径规划方法和所设计的机械臂系统具备实际应用能力。机器人静态规划取放实验结果验证了 IAMFT* 方法输出机械臂高质量规划路径的高效性和稳定性。机器人动态规划取放实验结果验证了高斯随机动态规划方法具有运算速度快、局部规划路径冗余量小、生成路径平滑等特点。

参 考 文 献

[1] 陈骞. 美国国家机器人计划资助重点 [J]. 上海信息化，2016，(02)：78-80.

[2] Wasserbly D. US army unveils robotics strategy paper[J]. Janes International Defense Review，2009，42(05)：8-9.

[3] Hicks D J，Simmons R. The national robotics initiative：A five-year retrospective[J]. IEEE Robotics Automation Magazine，2019，26(03)：70-77.

[4] Mandzuka S. Innovation development for FP7 project：Intelligent cooperative sensing for improved traffic efficiency – ICSI[J]. Proceedings of International Convention on Information Communication Technology Electronics Microelectronics Mipro. 2016.

[5] Hofbaur M，Müller A，Piater J，et al. Making better robots—Austria′s contribution to the European robotics research roadmap[J]. E & I Elektrotechnik und Informationstechnik，2015，132(04-05)：237-248.

[6] New Energy and Industrial Technology Development Organization. 2014 white paper on robotization of industry，business and our life[EB/OL]. http://www.nedo.go.jp/content/100563893.pdf.

[7] Korea IT Times. MIC policy – robots as perfect companions[EB/OL] http://www.koreaittimes.com/story/2969/mic-policy-robots-perfect-companions.

[8] 颜云辉，徐靖，陆志国，等. 仿人服务机器人发展与研究现状 [J]. 机器人，2017，39(04)：551-564.

[9] Negrello F，Settimi A，Caporale D，et al. WALK-MAN humanoid robot：Field experiments in a post-earthquake scenario[J]. IEEE Robotics Automation Magazine，2018，25(03)：8-22.

[10] 中科新松. IFR 发布全球机器人 2019 年数据报告 [EB/OL]. http://mp.of week.com/robot/a445683224716.

[11] Smith C，Karayiannidis Y，Nalpantidis L，Gratal X，Qi P，Dimarogonas D V，Kragic D. Dual arm manipulation—A survey[J]. Robotics and Autonomous Systems，2012，60(10)：1340-1353.

[12] 赵雅婷，赵韩，梁昌勇，等. 养老服务机器人现状及其发展建议 [J]. 机械工程学报，2019，55(23)：13-24.

[13]　吴伟国 . 面向作业与人工智能的仿人机器人研究进展 [J]. 哈尔滨工业大学学报，2015，47(07)：1-19.

[14]　王国彪，陈殿生，陈科位，等 . 仿生机器人研究现状与发展趋势 [J]. 机械工程学报，2015，51(13)：27-44.

[15]　Guizzo E. How Boston Dynamics is redefining robot agility [EB/OL]. https://spectrum.ieee.org/robotics/humanoids/how-boston-dynamics-is-redefining-robot-agility.

[16]　Lyons，Dan. Don′t be scared，it′s only a robot[J]. Newsweek，2011，158(24)：26-27.

[17]　Ackerman E. NASA hiring engineers to develop "Next Generation Humanoid Robot" [EB/OL]. https://spectrum.ieee.org/automaton/robotics/space-robots/nasa-hiring-engineers-to-develop-next-generation-humanoid-robot.

[18]　DeDonato M，Dimitrov V，Du R，et al. Human-in-the-loop control of a humanoid robot for disaster response：A report from the DARPA Robotics Challenge trials[J]. Journal of field Robotics，2015，32(02)：275-292.

[19]　Feng S，Whitman E，Xinjilefu X，et al. Optimization-based full body control for the DARPA Robotics Challenge[J]. Journal of field Robotics，2015，32(02)：293-312.

[20]　Lembono T S，Paolillo A，Pignat E，et al. Memory of motion for warm-starting trajectory optimization[C]. International Conference on Robotics and Automation. 2020. 2594-2601.

[21]　Lee I，Oh J，Bae H. Constrained whole body motion planning in task configuration and time[J]. International Journal of Precision Engineering Manufacturing，2018，19(11)：1651-1658.

[22]　Koolen T，Bertrand S，Thomas G C，et al. Design of a momentum-based control framework and application to the humanoid robot atlas[J]. International Journal of Humanoid Robotics，2016，13(01)：1650007.

[23]　Grice P M，Kemp C C. In-home and remote use of robotic body surrogates by people with profound motor deficits[J]. Plos One，2019，14(03)：3-5.

[24]　Finn C，Tan X Y，Duan Y，et al. Deep spatial autoencoders for visuomotor learning[C]. International Conference on Robotics and Automation. 2016. 512-519.

[25]　Elliott S L，Valente M，Cakmak M. Making objects graspable in confined environments through push and pull manipulation with a tool[C]. International Conference on Robotics and Automation. 2016. 4851-4858.

[26] Chitta S, Jones E G, Ciocarlie M, et al. Mobile manipulation in unstructured environments: perception, planning, and execution[J]. IEEE Robotics Automation Magazine, 2012, 19(02): 58-71.

[27] Bluethmann W, Ambrose R, Diftler M, et al. Robonaut: a robot designed to work with humans in space[J]. Autonomous Robots, 2003, 14(02): 179-197.

[28] Diftler M A. Robonaut 2-Activities of the first humanoid robot on the international space station[J]. Molecular Physics, 2012, 8(01): 39-44.

[29] Radford N A, Strawser P, Hambuchen K, et al. Valkyrie: NASA's first bipedal humanoid robot[J]. Journal of field Robotics, 2015, 32(03): 397-419.

[30] Anderson M C. NASA robots off to school[J]. Manufacturing Engineering, 2016, 156(01).

[31] Paine N, Mehling J S, Holley J, et al. Actuator control for the NASA-JSC Valkyrie humanoid robot: A decoupled dynamics approach for torque control of series elastic robots[J]. Journal of field Robotics, 2015, 32(03): 378-396.

[32] Jorgensen S J, Lanighan M W, Bertrand S S, et al. Deploying the NASA Valkyrie humanoid for IED response: An initial approach and evaluation summary[C]. IEEE-RAS International Conference on Humanoid Robots. 2019. 379-386.

[33] Wimbock T, Nenchev D N, Albuschaffer A, et al. Experimental study on dynamic reactionless motions with DLR's humanoid robot Justin[C]. Intelligent Robots and Systems. 2009. 5481-5486.

[34] Metta G, Natale L, Nori F, et al. The iCub humanoid robot: An open-systems platform for research in cognitive development[J]. Neural Networks, 2010, 23(08): 1125-1134.

[35] Leidner D, Bejjani W, Albuschaeffer A, et al. Robotic agents representing, reasoning, and executing wiping tasks for daily household chores[J]. Adaptive Agents multi-agents Systems, 2016: 1006-1014.

[36] Dietrich A, Bussmann K, Petit F, et al. Whole-body impedance control of wheeled mobile manipulators[J]. Autonomous Robots, 2016, 40(03): 505-517.

[37] Schmaus P, Leidner D, Kruger T, et al. Preliminary insights from the METERON SUPVIS Justin space-robotics experiment[C]. International Conference on Robotics and Automation. 2018. 3836-3843.

[38] Daniel L, Georg B, Wissam B, et al. Cognition-enabled robotic wiping: Representation, planning, execution, and interpretation[J]. Robotics and Autonomous Systems, 2019: 199-216.

[39] Tikhanoff V, Cangelosi A, Metta G. Integration of speech and action in humanoid robots: iCub simulation experiments[J]. IEEE Transactions on Autonomous Mental Development, 2011, 3(01): 17-29.

[40] Anzalone S M, Boucenna S, Ivaldi S, et al. Evaluating the engagement with social robots[J]. International Journal of Social Robotics, 2015, 7(04): 465-478.

[41] Ramirezamaro K, Beetz M, Cheng G. Transferring skills to humanoid robots by extracting semantic representations from observations of human activities[J]. Artificial Intelligence, 2017: 95-118.

[42] Nguyen P D H, Hoffmann M, Pattacini U, et al. Reaching development through visuo-proprioceptive-tactile integration on a humanoid robot-A deep learning approach[C]. IEEE International Conference on Development and Learning and Epigenetic Robotics. 2019. 163-170.

[43] Pandey A K, Gelin R. A mass-produced sociable humanoid robot: Pepper: The first machine of its kind[J]. IEEE Robotics Automation Magazine, 2018, 25(03): 40-48.

[44] Jung T, Lim J, Bae H, et al. Development of the Humanoid Disaster Response Platform DRC-HUBO+[J]. IEEE Transactions on Robotics, 2018, 34(01): 1-17.

[45] Ilyas C M A, Schmuck V, Haque M A, et al. Teaching pepper robot to recognize emotions of traumatic brain injured patients using Deep Neural Networks[C]. Robot and Human Interactive Communication. 2019.

[46] Cruz E, Rangel J C, Gomez-Donoso F, et al. How to add new knowledge to already trained Deep Learning models applied to semantic localization[J]. Applied Intelligence: The International Journal of Research on Intelligent Systems for Real Life Complex Problems, 2020, 50(01): 1-15.

[47] Suddrey G, Robinson N. A software system for human-robot interaction to collect research data: A HTML/Javascript service on the pepper robot[C]. ACM/IEEE International Conference on Human-Robot Interaction. 2020.

[48] Richert A, Schiffmann M, Yuan C. A nursing robot for social interactions and health

assessment[C]. International Conference on Applied Human Factors and Ergonomics. 2019. 83-91.

[49] Gardecki A，Podpora M，Beniak R，et al. The pepper humanoid robot in front desk application[J]. Progress in Applied Electrical Engineering，2018：1-7.

[50] Barakeh Z A，Alkork S，Karar A S，et al. Pepper humanoid robot as a service robot：A customer approach[C]. International Conference on Bio-engineering for Smart Technologies. 2019.

[51] Wang H，Zheng Y F，Jun Y，et al. DRC-hubo walking on rough terrains[C]. IEEE International Conference on Technologies for Practical Robot Applications. 2014. 1-6.

[52] Bae H，Lee I，Jung T，et al. Walking-wheeling dual mode strategy for humanoid robot，DRC-HUBO+[C]. IEEE/RSJ International Conference on Intelligent Robots & Systems. 2016. 1342-1348.

[53] Lim J，Lee I，Shim I，et al. Robot system of DRC-HUBO+ and control strategy of team KAIST in DARPA Robotics Challenge finals[J]. Journal of field Robotics，2017，34(04)：802-829.

[54] Wang H，Li S，Zheng Y F. DARPA Robotics Grand Challenge participation and Ski-Type gait for rough-terrain walking[J]. Engineering，2015，1(01)：036-045.

[55] Zhang Y，Luo J，Hauser K，et al. Motion planning and control of ladder climbing on DRC-Hubo for DARPA Robotics Challenge[C]. International Conference on Robotics and Automation. 2014. 2086-2086.

[56] Zhang L，Huang Q，Lv S，et al. Humanoid motion design considering rhythm based on human motion capture[C]. Intelligent Robots and Systems. 2006. 2491-2496.

[57] 叶军，段星光，陈学超 . BHR-3 型仿人机器人设计 [J]. 机器人技术与应用，2011，(02)：18-22.

[58] Yu Z，Huang Q，Ma G，et al. Design and development of the humanoid robot BHR-5[J]. Advances in Mechanical Engineering，2014(11)：1-11.

[59] Li X H，Guo S. Design and implementation of service robot lightweight dual-arm based on CAN Bus[J]. Advanced Materials Research，2012：3021-3024.

[60] Yu L B，Cao Q，Xu X W. An approach of manipulator control for service-robot FISR-1 based on motion imitating[C]. International Conference on Industrial Technology. 2008.

1-5.

[61]　李焱. 5 万机器人走进亦庄 [J]. 投资北京，2018，327(09)：64-66.

[62]　艳涛. 汇童机器人第 4、5 代集体亮相 [J]. 机器人技术与应用，2012，(04)：48.

[63]　黄强. "汇童"系列仿人机器人运动设计与控制 [C]. 中国自动化大会. 2015. 2.

[64]　李宪华. 服务机器人双臂协作技术研究及实现 [D]. 上海：上海大学，2011.

[65]　Li X H，Tan S L，Huang W X. A service robot with lightweight arms and a trinocular vision sensor[J]. Key Engineering Materials，2010：396-400.

[66]　余蕾斌. 全方位移动仿人型机器人运动规划研究 [D]. 上海：上海交通大学，2010.

[67]　邓成呈，曹其新，李彰植. 面向服务机器人三维地图创建的大规模点云分割 [J]. 机电一体化，2012，18(06)：21-24.

[68]　优必选. 每一步前进，只为与你同行 [EB/OL]. https://www.ubtrobot.com/cn/products/walker/?area=cn.

[69]　时氪分享. 优必选大型仿人服务机器人 Walker 新一代亮相 CES，展示机器人走进家庭服务 [EB/OL]. https://36kr.com/p/1723127873537.

[70]　Peiper D L. The kinematics of manipulators under computer control[D]　Palo Alto：Stanford University，1968.

[71]　Duffy J. Analysis of mechanisms and robot manipulators[M]. London：John Wiley & Sons，Inc.，1980.

[72]　陈鹏，刘璐，余飞，等. 一种仿人机械臂的运动学逆解的几何求解方法 [J]. 机器人，2012，34(02)：211-216.

[73]　刘梓阳，徐大林，孙宏伟. 一种八关节串联机器人的运动学解析分析及仿真 [J]. 指挥控制与仿真，2020，42(01)：64-69.

[74]　Craig J J. Introduction to robotics：Mechanics and control[M]. Boston：Addison-Wesley Longman Publishing Co.，Inc.，1989.

[75]　Murray R M，Sastry S S，Zexiang L. A mathematical introduction to robotic manipulation[M]. Boca Raton：CRC Press，Inc.，1994.

[76]　Nielsen J，Roth B. On the kinematic analysis of robotic mechanisms[J]. The International Journal of Robotics Research，1999，18(12)：1147-1160.

[77]　Raghaven M，Roth B. Kinematic analysis of the 6R manipulator of general geometry[C]. International Symposium on Robotics. 1991. 263-269.

[78]　Raghavan M，Roth B. Inverse kinematics of the general 6R manipulator and related linkages[J]. Journal of Mechanical Design，1993，115(03)：502-508.

[79]　Kucuk S，Bingul Z. Inverse kinematics solutions for industrial robot manipulators with offset wrists[J]. Applied Mathematical Modelling，2014，38(07)：1983-1999.

[80]　Aristidou A，Lasenby J. FABRIK：A fast，iterative solver for the inverse kinematics problem[J]. Graphical Models，2011，73(05)：243-260.

[81]　李宁森，孟正大. 非球型手腕喷涂机器人逆运动学算法 [J]. 工业控制计算机，2015，28(10)：76-78.

[82]　刘志忠，柳洪义，罗忠，等. 基于偏置补偿的 6 自由度腕部偏置机器人逆解算法 [J]. 东北大学学报 (自然科学版)，2012，(06)：870-874.

[83]　卜王辉，刘振宇，谭建荣. 基于切断点自由度解耦的手腕偏置型 6R 机器人位置反解 [J]. 机械工程学报，2010，46(21)：1-5.

[84]　Alkayyali M，Tutunji T A. PSO-based algorithm for inverse kinematics solution of robotic arm manipulators[C]. International Conference on Research and Education in Mechatronics. 2019.

[85]　Momani S，Abohammou Z S，Alsmad O M. Solution of inverse kinematics problem using genetic algorithms[J]. Applied Mathematics Information Sciences，2016，10(01)：225-233.

[86]　Hargis B E，Demirjian W A，Powelson M W，et al. Investigation of neural-network-based inverse kinematics for a 6-Dof serial manipulator with non-spherical wrist[C]. Asme International Design Engineering Technical Conferences and Computers and Information in Engineering Conference. 2018.

[87]　徐帷. 基于 Sarsa(λ) 强化学习的空间机械臂路径规划研究 [J]. 宇航学报，2019，40(04)：71-79.

[88]　Nilsson N J. A mobius automation：An application of artificial intelligence techniques[C]. International Joint Conference on Artificial Intelligence. 1969. 509-520.

[89]　Lozanoperez T，Wesley M A. An algorithm for planning collision-free paths among polyhedral obstacles[J]. Communications of the ACM，1979，22(10)：560-570.

[90]　蒋新松. 机器人学导论 [M]. 沈阳：辽宁科学技术出版社，1994.

[91]　Stentz A. Optimal and efficient path planning for partially-known environments[C].

International Conference on Robotics and Automation. 1994. 3310-3317.

[92]   Dijkstra E W. A note on two problems in connexion with graphs[J]. Numerische mathematik, 1959, 1(01): 269-271.

[93]   Hart P E, Nilsson N J, Raphael B. A formal basis for the heuristic determination of minimum cost paths[J]. IEEE transactions on Systems Science Cybernetics, 1968, 4(02): 100-107.

[94]   Stentz A. The focussed D* algorithm for real-time replanning[C]. International Joint Conference on Artificial Intelligence. 1995. 1652-1659.

[95]   Khatib O. Real-time obstacle avoidance for manipulators and mobile robots[J]. The International Journal of Robotics Research, 1986, 5(01): 90-98.

[96]   Warren C W. Global path planning using artificial potential fields[C]. International Conference on Robotics and Automation. 1989. 316-321.

[97]   李向东. 基于自运动的七自由度机械臂运动规划研究 [D]. 长春：吉林大学，2017.

[98]   Barraquand J, Latombe J. Robot motion planning: A distributed representation approach[J]. The International Journal of Robotics Research, 1991, 10(06): 628-649.

[99]   Latombe J-C. Robot motion planning[M]. Norwell: Kluwer Academic Publishers, 1991.

[100]   Kavraki L E, Svestka P, Latombe J C, et al. Probabilistic roadmaps for path planning in high-dimensional configuration spaces[J]. Ieee Transactions on Robotics and Automation, 1996, 12(04): 566-580.

[101]   Lavalle S M. Rapidly-exploring random trees: A new tool for path planning[J]. The Annual Research Report, 1998.

[102]   Strandberg M. Augmenting RRT-Planners with local trees[J]. IEEE International Conference on Robotics and Automation, 2004: 3258-3262.

[103]   Karaman S, Frazzoli E. Sampling-based motion planning with deterministic μ-calculus specifications[C]. Conference on Decision and Control. 2009. 2222-2229.

[104]   Karaman S, Frazzoli E. Sampling-based algorithms for optimal motion planning[J]. International Journal of Robotics Research, 2011, 30(07): 846-894.

[105]   Janson L, Schmerling E, Clark A, et al. Fast marching tree: A fast marching sampling-based method for optimal motion planning in many dimensions[J]. International Journal of Robotics Research, 2015, 34(07): 883-921.

[106] Gammell D J，Srinivasa S S，Barfoot D T. Batch Informed Trees (BIT*)：Sampling-based Optimal Planning via the Heuristically Guided Search of Implicit Random Geometric Graphs[C]. International Conference on Robotics and Automation. 2015. 3067-3074.

[107] Qureshi A H，Dong J G，Choe A，et al. Neural manipulation planning on constraint manifolds[J]. IEEE Robotics and Automation Letters，2020，5(04)：6089-6096.

[108] 徐晓苏，袁杰. 基于改进强化学习的移动机器人路径规划方法 [J]. 中国惯性技术学报，2019，(03)：314-320.

[109] 徐钊，胡劲文，马云红，等. 无人机碰撞规避路径规划算法研究 [J]. 西北工业大学学报，2019，37(01)：100-106.

[110] Pamosoaji A K，Piao M X，Hong K S. PSO-based minimum-time motion planning for multiple vehicles under acceleration and velocity limitations[J]. International Journal of Control Automation and Systems，2019，17(10)：2610-2623.

[111] Zacharia P T，Xidias E K. AGV routing and motion planning in a flexible manufacturing system using a fuzzy-based genetic algorithm[J]. International Journal of Advanced Manufacturing Technology，2020，109(07)：1801-1813.

[112] Ratliff N，Zucker M，Bagnell J A，et al. CHOMP：Gradient optimization techniques for efficient motion planning[J]. International Conference on Robotics and Automation，2009：4030-4035.

[113] Kalakrishnan M，Chitta S，Theodorou E，et al. STOMP：Stochastic trajectory optimization for motion planning[J]. International Conference on Robotics and Automation，2011：4569-4574.

[114] Schulman J，Ho J，Lee A X，et al. Finding locally optimal，collision-free trajectories with sequential convex optimization[C]. Robotics Science and Systems. 2013.

[115] Batista J，Souza D，Silva J，et al. Trajectory planning using artificial potential fields with metaheuristics[J]. IEEE Latin America Transactions，2020，18(05)：914-922.

[116] Kang G，Kim Y B，Lee Y H，et al. Sampling-based motion planning of manipulator with goal-oriented sampling[J]. Intelligent Service Robotics，2019，12(03)：265-273.

[117] 马冀桐，王毅，何宇，等. 基于构型空间先验知识引导点的柑橘采摘机械臂运动规划 [J]. 农业工程学报，2019，35(08)：108-116.

[118] 白云飞，张奇峰，范云龙，等. 基于能耗优化的深海电动机械臂轨迹规划 [J]. 机器人，2020，(03)：301-308.

[119] Kaden S，Thomas U. Maximizing robot manipulability along paths in collision-free motion planning[C]. International Conference on Advanced Robotics. 2019. 105-110.

[120] Nubert J，Kohler J，Berenz V，et al.Safe and fast tracking on a robot manipulator：Robust MPC and neural network control[J]. IEEE Robotics and Automation Letters，2020，5(02)：3050-3057.

[121] Schmitt P S，Wirnshofer F，Wurm K M，et al. Planning reactive manipulation in dynamic environments[C]. International Conference on Intelligent Robots and Systems. 2019. 136-143.

[122] Boardman B，Harden T，Martinez S. Improved performance of asymptotically optimal rapidly exploring random trees[J]. Journal of Dynamic Systems Measurement and Control-Transactions of the Asme，2019，141(01).

[123] 谢龙，刘山. 基于改进势场法的机械臂动态避障规划 [J]. 控制理论与应用，2018，35(09)：27-37.

[124] 张驰，尚伟伟，丛爽，等. 机器人平滑抓取移动物体的运动规划方法 [J]. 机械工程学报，2018，54(19)：10-17.

[125] 陈波芝，陆亮，雷新宇，等. 基于改进快速扩展随机树算法的双机械臂协同避障规划方法 [J]. 中国机械工程，2018，29(10)：1220-1226.

[126] Wei Y H，Jian S Q，He S，et al. General approach for inverse kinematics of nR robots[J]. Mechanism and Machine Theory，2014，75：97-106.

[127] Ananthanarayanan H，Ordonez R. Real-time inverse kinematics of $(2n+1)$ DOF hyper-redundant manipulator arm via a combined numerical and analytical approach[J]. Mechanism and Machine Theory，2015，91：209-226.

[128] Husty M L，Pfurner M，Schrocker H P. A new and efficient algorithm for the inverse kinematics of a general serial 6R manipulator[J]. Mechanism and Machine Theory，2007，42(01)：66-81.

[129] J. A. On the numerical solution of the inverse kinematic problem[J]. The International Journal of Robotics Research，1985，4(02)：21-37.

[130] Shi Q，Xie J J. A research on inverse kinematics solution of 6-DOF robot with offset-

wrist based on Adaboost Neural Network[C]. International Conference on Cybernetics and Intelligent Systems. 2017. 370-375.

[131] Hartenburg R S，Denavit J，Freudenstein F. Kinematic synthesis of linkages[J]. Journal of Applied Mechanics，1965，32(02)：477-478.

[132] 杨宇盟，聂斌，方红根，等. 虚拟人手臂避障抓取运动规划 [J]. 计算机辅助设计与图形学学报，2014，26(08)：1362-1373.

[133] 刘达，王田苗. 一种解析和数值相结合的机器人逆解算法 [J]. 北京航空航天大学学报，2007，33(06)：727-730.

[134] 杜滨. 全方位移动机械臂协调规划与控制 [D]. 北京：北京工业大学，2013.

[135] Reif J H. Complexity of the mover′s problem and generalizations[J]. Annuieee Sympon Foundations of Computer Science San Juan Pr，1979：421-427.

[136] Hopcroft J E，Joseph D，Whitesides S. Movement problems for 2-dimensional linkages[J]. SIAM Journal on Computing，1984，13(03)：610-629.

[137] Reif J，Sharir M. Motion planning in the presence of moving obstacles[J]. Journal of the Acm，1994，41(04)：764-790.

[138] Bellman，R. Dynamic programming[J]. Science，1966，153(3731)：34-37.

[139] Xu J，Song K C，Dong H W，et al. A batch informed sampling-based algorithm for fast anytime asymptotically-optimal motion planning in cluttered environments[J]. Expert Systems with Applications，2020，144：1-10.

[140] Jeong I B，Lee S J，Kim J H. Quick-RRT*：Triangular inequality-based implementation of RRT* with improved initial solution and convergence rate[J]. Expert Systems with Applications，2019，123：82-90.

[141] Ferguson D，Stentz A. Anytime，dynamic planning in high-dimensional search spaces[C]. International Conference on Robotics and Automation. 2007. 1310-1315.

[142] Gammell J D，Barfoot T D，Srinivasa S S. Informed sampling for asymptotically optimal path planning[J]. IEEE Transactions on Robotics，2018，34(04)：966-984.

[143] Elbanhawi M，Simic M. Sampling-based robot motion planning：A review[J]. IEEE Access，2014，2：56-77.

[144] Sucan I A，Moll M，Kavraki L E. The open motion planning library[J]. IEEE Robotics & Automation Magazine，2012，19(04)：72-82.

[145]　Yan X，Indelman V，Boots B. Incremental sparse GP regression for continuous-time trajectory estimation and mapping[J]. Robotics and Autonomous Systems，2017，87：120-132.

[146]　祁若龙，张珂，周维佳，等 . 机械臂高斯运动轨迹规划及操作成功概率预估计方法 [J]. 机械工程学报，2019，55(01)：42-51.

[147]　Choi S，Kim E，Lee K，et al. Real-time nonparametric reactive navigation of mobile robots in dynamic environments[J]. Robotics and Automonous Systems，2017，91：11-24.

[148]　Mukadam M，Dong J，Yan X，et al. Continuous-time Gaussian process motion planning via probabilistic inferenc[J]. The International Journal of Robotics Research，2018，37(11)：1319-1340.

[149]　孙浩 . 考虑交通车辆运动不确定性的轨迹规划方法研究 [D]. 长春：吉林大学，2017.

[150]　Saridis G N，Valavanis K P. Analytical design of intelligent machines[J]. Automatica，1988，24(02)：123-133.

[151]　Wang F Y，Kyriakopoulos K J. A Petri-net coordination model for an intelligent mobile robot[J]. IEEE Transactions on Systems Man & Cybernetics，1991，21(04)：777-789.

[152]　Liu Y，Cong M，Dong H，et al. Human skill integrated motion planning of assembly manipulation for 6R industrial robot[J]. Industrial Robot-the International Journal of Robotics Research and Application，2019，46(01)：171-180.

[153]　刘明磊，李捍东，庞爱平，等 . 6 自由度机械臂远程控制系统研究 [J]. 现代电子技术，2020，43(02)：37-44.

[154]　王亚峰，陈昊，张军，等 . 基于 CAN 的分布式机器人控制系统设计 [J]. 电子设计工程，2017，25(14)：148-151.